甘蔗种质资源图谱
——栽培原种、地方品种和果蔗

蔡　青　刘洪博　范源洪　主编

科 学 出 版 社

北 京

内 容 简 介

　　本书根据甘蔗种质资源描述规范和鉴定技术规程，以彩色图片的形式展现了甘蔗植株的形态特征。本书共收录甘蔗栽培原种 60 份、地方品种 62 份和果蔗 21 份，详细记述了每种的田间长势、株型、节间形状和芽形等特征特性，并配有彩色照片，为甘蔗种质资源的鉴定评价和创新利用提供科学参考。

　　本书可作为甘蔗科研工作者、作物种质资源研究者以及高等院校师生的参考书。

图书在版编目(CIP)数据

　　甘蔗种质资源图谱：栽培原种、地方品种和果蔗 / 蔡青，刘洪博，范源洪主编. —北京：科学出版社，2024.2
　　ISBN 978-7-03-078073-7

　　Ⅰ.①甘⋯　Ⅱ.①蔡⋯ ②刘⋯ ③范⋯　Ⅲ.①甘蔗-种质资源-图谱
Ⅳ.①S566.102.4-64

中国国家版本馆CIP数据核字 (2024) 第022379号

责任编辑：韩卫军　王　好 / 责任校对：郑金红
责任印制：肖　兴 / 封面设计：北京图阅盛世文化传媒有限公司

科 学 出 版 社 出版
北京东黄城根北街16号
邮政编码：100717
http://www.sciencep.com

北京捷迅佳彩印刷有限公司印刷
科学出版社发行　各地新华书店经销
*

2024 年 2 月第 一 版　　开本：889×1194 1/16
2024 年 2 月第一次印刷　　印张：10 3/4
字数：340 000

定价：198.00 元
（如有印装质量问题，我社负责调换）

编 委 会

前　言

甘蔗种质资源是由甘蔗属 *Saccharum* L. 及其近缘属——蔗茅属 *Erianthus* Michx.、芒属 *Miscanthus* Anderss.、河八王属 *Narenga* Bor. 和硬穗属 *Sclerostachya* A. 等属的物种构成的一个庞大的基因库，能为甘蔗育种提供糖分、产量和抗性等基因来源，是甘蔗育种的物质基础，被甘蔗学界称为甘蔗属复合群（*Saccharum* complex）。甘蔗种质资源根据栽培特性可分为野生资源、栽培原种、地方品种、选育品种、品系、遗传材料共 6 种类型。根据资源类型以不同的栽培管理方式采用异位保护（即种质圃活体植株种植方式）进行保存，从而为种质资源提供良好的保存条件。

甘蔗栽培原种，主要包括甘蔗属热带种 *S. officinarum*、印度种 *S. barberi* 和中国种 *S. sinense*，是甘蔗的原始栽培类型。研究表明，热带种是由大茎野生种驯化演变而来，而印度种和中国种则是热带种与细茎野生种的天然杂交后代。对现代甘蔗品种贡献最大的是热带种，代表种有 Badila（拔地拉）、Black Cheribon（黑车里本）、Crystalina（克林斯它林娜）、Loethers（路打士）。印度种是三元杂交种亲本之一，代表种 Chunnee（春尼）曾是重要杂交亲本，栽培品种 Mungo（芒高）、Nargori（那高利）都与其有亲缘关系。中国种在我国南方、印度北部、伊朗和马来西亚均有分布，代表种有友巴、竹蔗和芦蔗。

甘蔗地方品种，指民间栽种的农家种，经长期自然或人为选择而来，对当地自然或栽培环境具有较好的适应性。果蔗是"水果甘蔗"的俗称，它不是一个种质类型，而是指适宜鲜食的一类甘蔗，如栽培原种中的热带种及其衍生后代，一些茎大、皮薄、甘甜可口的农家种和杂交品种或品系，因皮薄肉松脆、清甜多汁而作为水果甘蔗加以开发利用，成为果蔗产业的主栽品种。目前，用于果蔗的品种较多，如黑皮果蔗是从菲律宾引进的热带种拔地拉，黄皮果蔗是从台湾引进的品种，而歪娥、歪干担、罗汉蔗则为云南、贵州的地方品种。福建、浙江、江西的果蔗品种较多，如福建有南安果蔗、同安果蔗、平和果蔗、连江果蔗、龙岩果蔗，浙江有肚度种、温州果蔗、金华果蔗、永嘉蔗等，江西有江西紫皮、江西青皮、江西果蔗、东乡果蔗、丰城青皮等。此外，还有四川白鳝蔗、广西白玉蔗、湖南江永果蔗、广东雷州果蔗等。由于各地之间相互引种，命名通常又以地名代替，也造成一些果蔗品种有异名同种或同名异种的情况。

国家甘蔗种质资源圃自 20 世纪 90 年代建立以来，通过三十多年的努力，收集保存了来自国内外的甘蔗种质资源 6 属 18 种 3846 份，研制编写了《甘蔗种质资源描述规范和数据标准》、《农作物种质资源鉴定技术规程　甘蔗》（NY/T 1488—2007）、《农作物优异种质资源评价规范　甘蔗》（NY/T 2180—2012）、《甘蔗种质资源描述规范》（NY/T 2936—2016）等一系列收集保存和鉴定评价的技术标准和规范，并对全圃资源进行了形态特征、农艺性状、品质、抗性等一系列的鉴定评价。

本书即上述成果的汇总。第一章甘蔗的形态特征，从甘蔗种质资源物种多样性和遗传多样性的角度，以彩色图片展示了甘蔗的形态特征，其描述符、数据标准依据均严格遵循相关技术规范和发布的标准，重点反映了甘蔗的植物学形态特征图像，为甘蔗种质资源鉴定提供科学依据，也让公众从形态上对甘蔗有较直观的了解。第二章至第四章，介绍了栽培原种、地方品种和果蔗的主要形态特征、农艺性状和部分细胞学鉴定结果。众所周知，原产地是种质资源生长发育最适宜的地区，异位保护后，由于气候、土壤、生态类型的不同，有些种质难以有较好的适应性，甚至有生长发育缓慢、田间长势较差的情况。鉴于基因与环境互作对表型的影响，本书以遗传上相对较稳定的节间形状、颜色和芽形等性状作为主要特征特性展示，而田间长势主要反映了种质在资源圃保存条件下的生长状况，不能作为种质鉴定评价的标准。

书中的部分热带种，引进时学名为 *S. officinarum*，但我们通过形态特征和细胞学鉴定发现，其形态特征和染色体都不是热带种（$2n$=80 条），应是杂交材料。这可能与国外的资料，特别是早期文献中以 *S. officinarum* 作为甘蔗这类作物的学名，而不是其种名有关。因此引种清单中多以 *S. officinarum* 作为学名，导致某些杂交材料也被误认为是热带种。此外，有些地方品种和果蔗，鉴定发现其形态和染色体都是典型的热带种，大多是"拔地拉"，但由于长期在各地栽培，命名时被冠以当地地名，造成了同种异名的情况。尽管如此，本书仍以引种和收集时的原名和学名进行"种"的归类，原因是种名修正有严格的学术要求，须进一步通过植物分类学和分子生物学等技术精准鉴定才能确定。本书所提供的数据及彩色照片，主要作为育种及生产利用参考。

本书的编研及出版得到了农作物种质资源保护项目"国家种质开远甘蔗资源圃"和国家科技基础条件平台"国家农作物种质资源平台甘蔗子平台"项目的长期支持，是国家甘蔗种质资源圃全体科技人员多年来坚持资源基础性工作的结果。范源洪研究员作为资源圃创建者，在本书编写阶段提出了许多建设性的修改意见；蔡青研究员负责文字撰写、修改和统稿；应雄美副研究员负责甘蔗形态特征图谱的编制；刘洪博副研究员负责田间调查、图像采集和数据整理；陆鑫副研究员、苏火生副研究员、徐超华副研究员、毛钧副研究员、林秀琴副研究员、马丽副研究员等参与了田间调查、图像采集和部分资料整理、校稿等工作。

鉴于作者水平有限，书中不足之处在所难免，敬请读者批评指正。

作　者

2023 年 11 月 24 日

目　录

第一章

甘蔗的形态特征

甘蔗 *Saccharum officinarum* L. 隶属禾本科 Poaceae 高粱族 *Andropogoneae* Dumort. 甘蔗亚族 *Saccharinae* Griseb. 甘蔗属 *Saccharum* L.，是原产于热带地区的多年生高大草本，被普遍认为起源于印度尼西亚至新几内亚地区。甘蔗属栽培原种（热带种、印度种、中国种）、野生种（大茎野生种、细茎野生种）在天然或人工条件下，各种间、种内无性系间可以相互杂交，因而形成了丰富多样的种质资源。

甘蔗的植物学特征和生物学特性以根、茎、节、叶、花等特征特性来进行描述，其植株各部位的名称如图1.1。

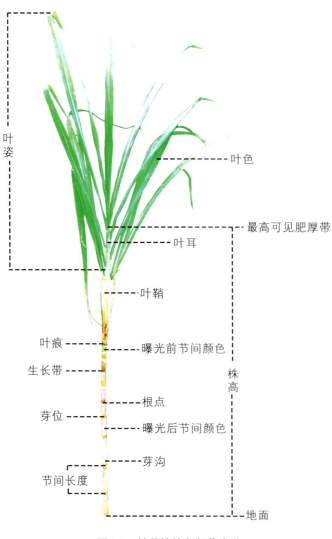

图1.1　甘蔗植株各部位名称

　　甘蔗的茎由节间组成，不同种、品种的节间形状和颜色有较大差异。节间有圆筒形、腰鼓形、细腰形、圆锥形、倒圆锥形等（图1.2）。节间颜色由成熟蔗茎在叶片脱落后、暴露于阳光下表现出的颜色而定，有黄、绿、红、紫等，部分品种还有条纹形状，是区分不同种或品种的显著标志（图1.3）。

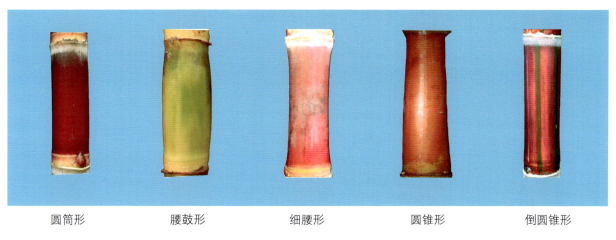

圆筒形　　　　腰鼓形　　　　细腰形　　　　圆锥形　　　　倒圆锥形

图1.2　节间形状

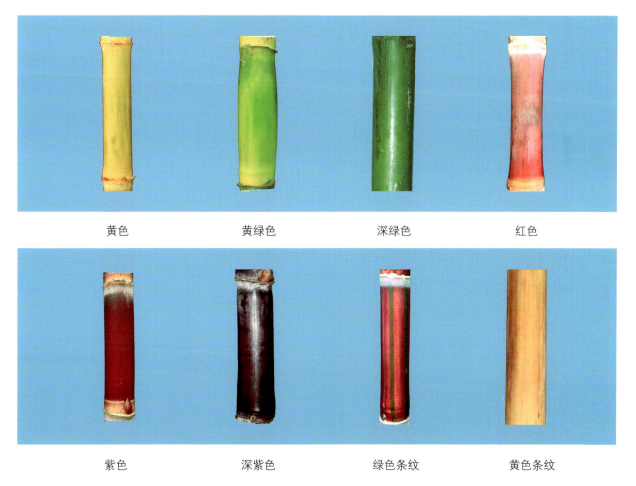

黄色　　　　黄绿色　　　　深绿色　　　　红色

紫色　　　　深紫色　　　　绿色条纹　　　　黄色条纹

图1.3　节间颜色

甘蔗的芽主要指节上的侧芽，芽形是区分甘蔗的重要指标，野生种侧芽较小且差异不大。芽形以卵圆形、倒卵形及三角形最为常见，一般卵圆形和倒卵形的芽比较小，三角形的芽较大，长方形的芽最大（图1.4）。甘蔗的叶片在叶姿、叶宽和叶耳上因种而异。甘蔗品种和栽培原种的叶片较野生种宽而中脉软，

三角形　　　　　　　椭圆形　　　　　　　倒卵形

五角形　　　　　　　菱形　　　　　　　圆形

卵圆形　　　　　　　长方形　　　　　　　鸟嘴形

图1.4　芽形

叶姿以披散型和挺直叶尖下垂型为主，而野生种叶姿则以挺直型为主。品种间以叶耳形状为主要差异，有三角形、倒钩形、披针形等（图1.5）。甘蔗的花形指盛花期花穗的整体形状，即花序形状，以圆锥形较多，其他还有箭嘴形、扫帚形（图1.6）；花序颜色有灰白、淡紫色、紫红色（图1.7）。

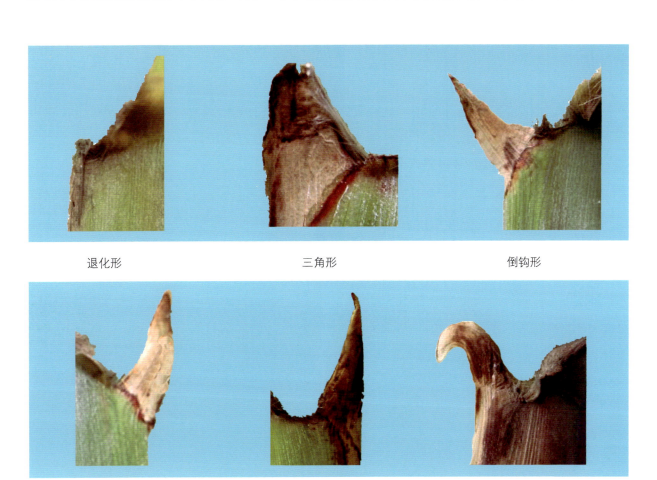

退化形　　　　　　　　　　三角形　　　　　　　　　　倒钩形

镰刀形　　　　　　　　　　披针形　　　　　　　　　　钩形

图1.5　叶耳形状

圆锥形　　　　　　　　　　箭嘴形　　　　　　　　　　扫帚形

图1.6　花序形状

灰白色　　　　　　　淡紫色　　　　　　　紫红色

图1.7　花序颜色

第二章
甘蔗栽培原种图谱

第一节 甘蔗属热带种 *Saccharum officinarum* L.

▶ 1. 种质名称：Badila（拔地拉）

【特征特性】田间长势旺盛，茎形直立，节间圆筒形，曝光后节间呈深紫色，节间较短，蜡粉带薄，无木栓和生长裂缝；脱叶性较好，宿根性差，分蘖能力弱；茎径属中大茎种（平均茎径 3.59cm），12 月田间锤度 21.68%，蔗糖分 13.40%，纤维分 8.55%；田间观察感甘蔗花叶病；经鉴定染色体数为 2n=80 条。

田间长势

株形

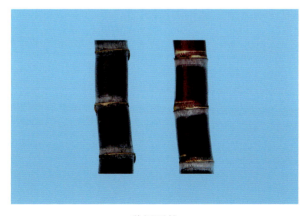

节间形状

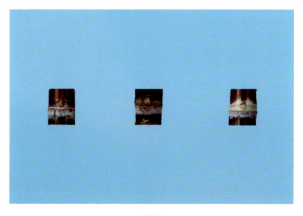

芽形

▶ 2. 种质名称：Black Cheribon（黑车里本）

【特征特性】田间长势一般，茎形弯曲，节间形状圆筒形，曝光后节间呈深紫色，叶黄绿色，叶片中部下垂，叶鞘紫红色，无木栓，个别有生长裂缝；脱叶性好，宿根性差，分蘖能力弱；茎径属中茎种，12月田间锤度 22.12%，蔗糖分 13.4%，纤维分 7.74%；经鉴定染色体数为 2n=80 条。

田间长势

株形

节间形状

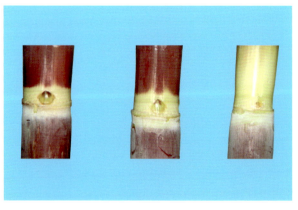

芽形

▶ 3. 种质名称：Christalina（克林斯它林那）

【**特征特性**】田间长势一般，茎形弯曲，节间圆筒形，曝光后节间呈紫红色，节间长度中等，蜡粉带薄，木栓呈斑块状，生长裂缝深；脱叶性好，宿根性差，分蘖能力弱；茎径属中茎种（平均2.44cm），12月田间锤度20.52%，蔗糖分11.94%，纤维分9.60%；经鉴定染色体数为$2n=80$条。

田间长势

株形

节间形状

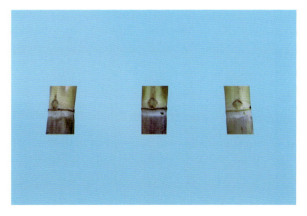

芽形

▶ 4. 种质名称：Striped Cheribon（条纹车里本）

【特征特性】田间长势弱，茎形直立，叶鞘和叶片上有白绿相间的条纹，节间圆筒形，曝光后节间呈红紫色，节间长度中等，蜡粉带薄，木栓呈条纹状，无生长裂缝；脱叶性好，宿根性差，分蘖能力弱；茎径属中茎种（平均茎径 2.60cm），12 月田间锤度 19.7%，蔗糖分 11.95%，纤维分 9.14%；田间观察高感甘蔗花叶病；经鉴定染色体数为 2n=80 条。

田间长势

株形

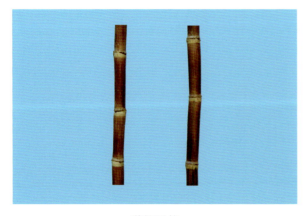

节间形状

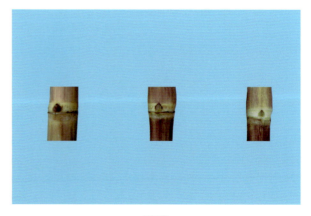

芽形

▶ 5. 种质名称：Loethers（路打士）

【特征特性】田间长势一般，茎形直立，节间圆筒形，曝光后节间绿紫相间，节间长度较短，蜡粉带薄，无木栓和生长裂缝；脱叶性较好，宿根性差，分蘖能力弱；茎径属中茎种（平均茎径2.50cm），12月田间锤度18.36%，蔗糖分12.71%，纤维分11.20%；田间观察感甘蔗花叶病；经鉴定染色体数为2n=80条。

田间长势

株形

节间形状

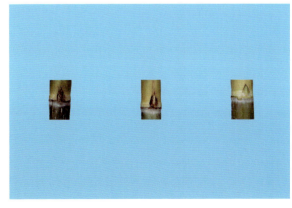

芽形

▶ **6. 种质名称：27MQ1124**

【**特征特性**】田间长势旺盛，茎形直立，叶片较宽大，节间圆筒形，曝光后节间呈紫色，节间长度中等，蜡粉带薄，无木栓和生长裂缝；脱叶性好，宿根性一般，分蘗能力弱；茎径属中大茎种（平均茎径 2.90cm），12 月田间锤度 20.88%，蔗糖分 11.89%，纤维分 9.89%；引种时种名为热带种，经鉴定染色体数为 2n=96，应为杂交材料。

田间长势

株形

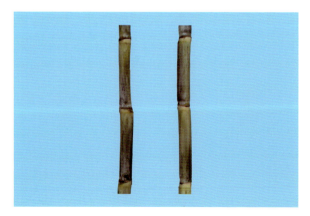
节间形状

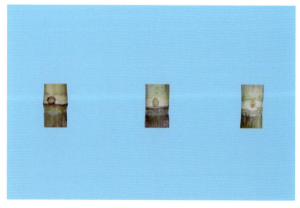
芽形

▶ 7. 种质名称：Bar Wil Spt

【特征特性】田间长势旺盛，茎形直立，节间圆筒形，曝光后节间呈绿色，节间长度长，蜡粉带厚，木栓呈斑块状，生长裂缝深；脱叶性差，宿根性差，分蘖能力弱；茎径属中大茎种（平均茎径 3.07cm），12 月田间锤度 23.00%，蔗糖分 13.76%，纤维分 8.98%；田间观察感甘蔗花叶病；经鉴定染色体数为 2n=80 条。

田间长势

株形

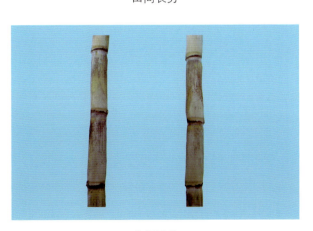

节间形状

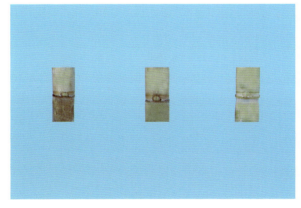

芽形

▶ 8. 种质名称：卡凡雀利

【特征特性】田间长势弱，茎形直立，节间圆筒形，曝光后节间呈紫红色，节间长度中等，蜡粉带薄，木栓呈斑块状，生长裂缝深；脱叶性较好，宿根性差，分蘖能力弱；茎径属中茎种（平均茎径2.55cm），12月田间锤度14%，蔗糖分8.12%，纤维分6.59%；田间观察高感甘蔗花叶病；经鉴定染色体数为2n=80条。

田间长势

株形

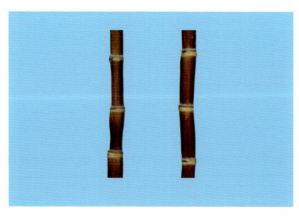

节间形状

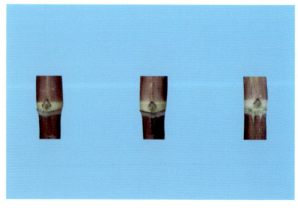

芽形

▶ 9. 种质名称：57NG155

【**特征特性**】田间长势弱小，茎形弯曲，节间圆锥形，曝光后节间呈紫红色，节间长度中等，蜡粉带薄，无木栓，生长裂缝浅；脱叶性好，宿根性差，分蘖能力一般；茎径属中小茎种（平均茎径 2.10cm），12 月田间锤度 19.00%，蔗糖分 13.66%，纤维分 13.08%；田间观察感甘蔗花叶病、黑穗病；引种时种名为热带种，经鉴定染色体数为 2n=106 条，应为杂交材料。

田间长势

株形

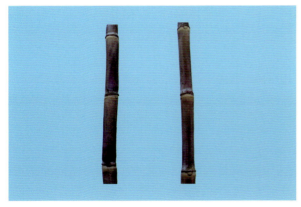

节间形状

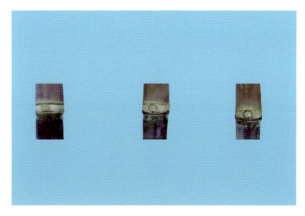

芽形

▶ 10. 种质名称：48Mouna

【**特征特性**】田间长势旺盛，茎形弯曲，节间圆锥形，曝光后节间呈紫红色，节间长度中等，蜡粉带厚，无木栓，有生长裂缝；脱叶性差，宿根性差，分蘖能力一般；茎径属中大茎种（平均茎径2.80cm），12月田间锤度20.88%，蔗糖分12.90%，纤维分12.62%；田间观察无感病情况；经鉴定染色体数为 $2n=80$ 条。

田间长势

株形

节间形状

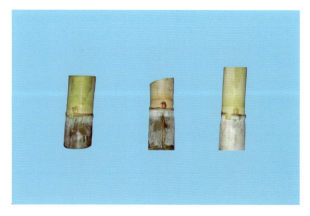

芽形

▶ 11. 种质名称：越南牛蔗

【特征特性】田间长势旺盛，茎形直立，叶片宽大肥厚，节间圆筒形，曝光后节间呈紫红色，节间长度较短，蜡粉带薄，无木栓，有生长裂缝；脱叶性好，宿根性差，分蘖能力弱；茎径属中大茎种（平均茎径 3.59cm），12 月田间锤度 18.34%，蔗糖分 8.74%，纤维分 6.79%；经鉴定染色体数为 2n=80 条。

田间长势

株形

节间形状

芽形

▶ 12. 种质名称：红罗汉

【特征特性】田间长势旺盛，茎形直立，叶黄绿色，叶片中部下垂，节间圆筒形，曝光后节间呈深紫色，节间长度短，蜡粉带薄，无木栓和生长裂缝；脱叶性和宿根性差，分蘖能力弱；茎径属中茎种（平均茎径 2.92cm），12 月田间锤度 20.44%，蔗糖分 13.23%，纤维分 11.33%；田间观察感甘蔗花叶病；经鉴定染色体数为 2n=80 条。

田间长势

株形

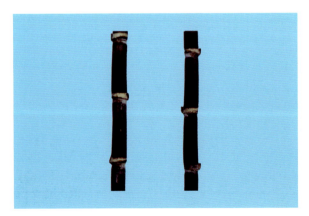

节间形状

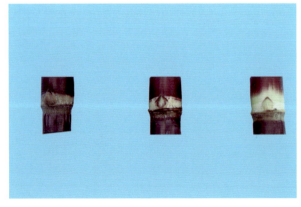

芽形

▶ 13. 种质名称：Cana Blanca

【特征特性】田间长势一般，茎形直立，叶青绿色，节间圆筒形，曝光后节间有紫色和绿色条纹，节间长度短，蜡粉带薄，无木栓和生长裂缝；脱叶性差，宿根性好，分蘖能力一般，丛生性强；茎径属中小茎种（平均茎径 2.03cm），12 月田间锤度 21.88%，蔗糖分 11.55%，纤维分 11.24%；田间观察高感甘蔗花叶病；引种时种名为热带种，经鉴定染色体数为 $2n=124$ 条，应为杂交材料。

田间长势

株形

节间形状

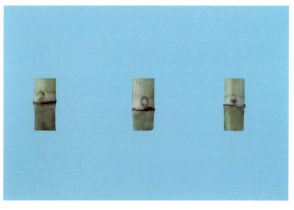

芽形

▶ **14. 种质名称：Guan A**

【特征特性】田间长势一般，茎形直立，节间圆筒形，曝光后节间呈紫红色，节间长度短，蜡粉带薄，无木栓和生长裂缝；脱叶性较好，宿根性差，分蘖能力弱；茎径属中小茎种（平均茎径 2.18cm），12 月田间锤度 19.16%，蔗糖分 10.87%，纤维分 10.77%；田间观察高感甘蔗花叶病；引种时种名为热带种，染色体待鉴定。

田间长势

株形

节间形状

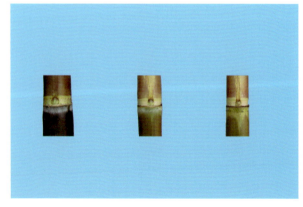

芽形

▶ 15. 种质名称：Keong Java

【特征特性】田间长势旺盛,茎形直立,节间细腰形,茎节稍长,曝光后节间呈深紫色,节间长度中等,蜡粉带薄,无木栓和生长裂缝；脱叶性较好,宿根性一般,分蘖能力较好；茎径属细茎种（平均茎径 1.98cm）,12月田间锤度 16.40%,蔗糖分 8.26%,纤维分 10.15%；田间观察感甘蔗花叶病。引种时种名为热带种,经鉴定染色体数为 2n=100 条,应为杂交材料。

田间长势

株形

节间形状

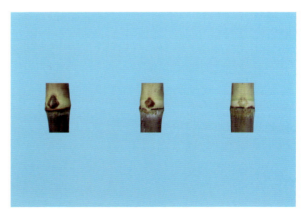

芽形

▶ 16. 种质名称：Manjar

【特征特性】田间长势一般，茎形直立，叶青绿色，节间圆筒形，曝光后节间呈深绿色，节间长度短，蜡粉带薄，无木栓和生长裂缝；宿根性差，分蘖能力弱；茎径属中茎种（平均茎径2.35cm），12月田间锤度19.40%，蔗糖分9.22%，纤维分12.70%；田间观察无感病情况；引种时种名为热带种，经鉴定染色体数为2n=120条，应为杂交材料。

田间长势

株形

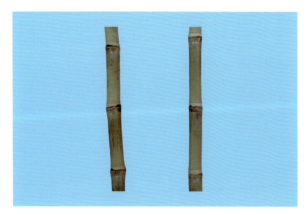
节间形状

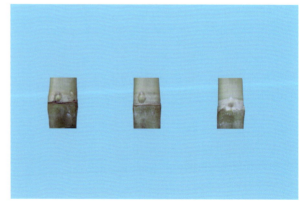
芽形

▶ 17. 种质名称：Muck Che

【特征特性】田间长势旺盛，茎形直立，节间圆筒形，曝光前节间呈黄绿色，曝光后节间呈紫红色，节间长度较中等，蜡粉带薄，木栓呈斑块状，无生长裂缝；宿根性好，分蘖能力强；茎径属细茎种（平均茎径 1.71cm），12 月田间锤度 18.60%，蔗糖分 5.13%，纤维分 16.31%；田间观察无感病情况。引种时种名为热带种，经鉴定染色体数（2n）为 142 ～ 146 条，应为杂交材料。

田间长势

株形

节间形状

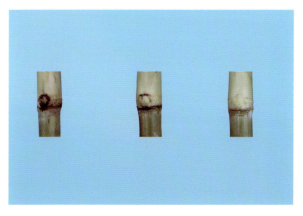

芽形

▶ 18. 种质名称：NC32

【特征特性】田间长势弱小，茎形直立，节间圆筒形，曝光后节间有绿色条纹，节间长度中等，蜡粉带薄，无木栓和生长裂缝；脱叶性一般，宿根性差，分蘖能力弱；茎径属中茎种（平均茎径2.31cm），12月田间锤度20.40%，蔗糖分12.43%，纤维分15.56%；田间观察感甘蔗花叶病；引种时种名为热带种，经鉴定染色体数为2n=116条，应为杂交材料。

田间长势

株形

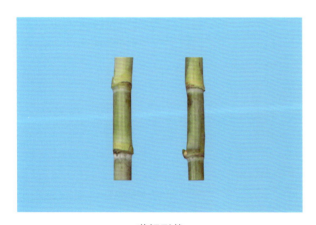

节间形状

芽形

▶ 19. 种质名称：28NG16

【特征特性】田间长势旺盛，茎形直立，节间圆筒形，曝光后节间呈绿色，节间长度中等，蜡粉带厚，木栓呈斑块状，无生长裂缝；脱叶性较好，宿根性差，分蘖能力弱；茎径属中大茎种（平均茎径3.10cm），12月田间锤度18.20%，蔗糖分11.89%，纤维分12.47%；田间观察高感甘蔗花叶病；引种时种名为热带种，经鉴定染色体数为2n=112条，应为杂交材料。

田间长势

株形

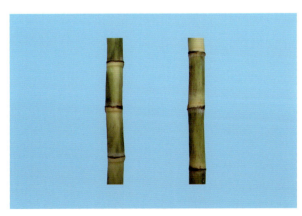

节间形状

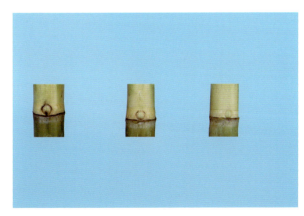

芽形

▶ 20. 种质名称：51NG90

【特征特性】田间长势旺盛，茎形直立，节间圆筒形，曝光后节间呈红绿色，节间长度中等，蜡粉带薄，木栓呈斑块状，无生长裂缝；脱叶性较好，宿根性差，分蘖能力弱；茎径属中大茎种（平均茎径2.92cm），12月田间锤度16.4%，蔗糖分11.75%，纤维分10.45%；田间观察无感病情况；引种时种名为热带种，经鉴定染色体数为$2n=118$条，应为杂交材料。

田间长势

株形

节间形状

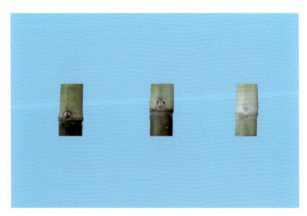

芽形

▶ 21. 种质名称：51NG92

【特征特性】田间长势旺盛，茎形直立，节间圆筒形，曝光后节间呈深绿色，节间长度中等，无蜡粉带，木栓呈斑块状，无生长裂缝；脱叶性较好，宿根性差，分蘖能力较好；茎径属中茎种（平均茎径2.76cm），12月田间锤度18.80%，蔗糖分12.78%，纤维分12.03%；田间观察无感病情况。

田间长势

株形

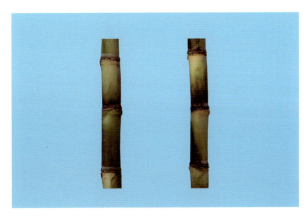

节间形状

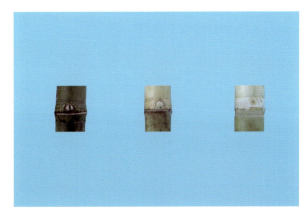

芽形

▶ **22. 种质名称：51NG103**

【特征特性】田间长势较弱，茎形直立，节间圆筒形，曝光后节间呈黄绿色，节间长度短，蜡粉带薄，无木栓和生长裂缝；脱叶性一般，宿根性差，分蘖能力弱；茎径属中大茎种（平均茎径 2.91cm），12 月田间锤度 20.68%，蔗糖分 13.23%，纤维分 9.95%；田间观察无感病情况；引种时种名为热带种，染色体待鉴定。

田间长势

株形

节间形状

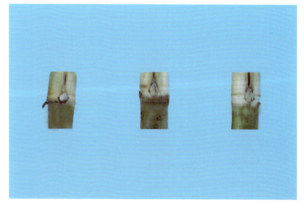

芽形

▶ 23. 种质名称：51NG150

【特征特性】田间长势一般，茎形直立，叶黄绿色，节间圆筒形，叶片中部下垂，曝光前节间呈黄绿色，曝光后节间呈紫红色，节间长度短，蜡粉带薄，无木栓和生长裂缝；脱叶性较好，宿根性差，分蘖能力弱；茎径属中茎种（平均茎径2.06cm），12月田间锤度21.32%，蔗糖分12.75%，纤维分17.44%；田间观察感甘蔗花叶病；引种时种名为热带种染色体待鉴定。

田间长势

株形

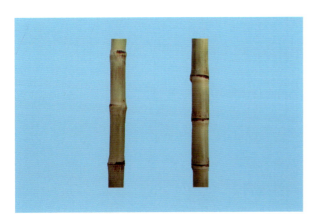

节间形状

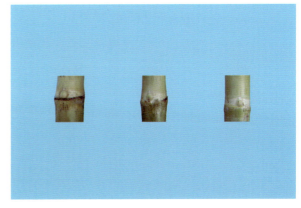

芽形

▶ 24. 种质名称：96NG14

【特征特性】田间长势较好，茎形弯曲，节间圆筒形，节间呈青绿色，节间长度短，蜡粉带厚，木栓呈斑块状，生长裂缝浅；脱叶性好，宿根性差，分蘖能力一般；茎径属中茎种（平均茎径2.75cm），12月田间锤度16.7%，蔗糖分11.53%，纤维分9.98%；田间观察感甘蔗花叶病；引种时种名为热带种，经鉴定染色体数为2n=76条，应为杂交材料。

田间长势

株形

节间形状

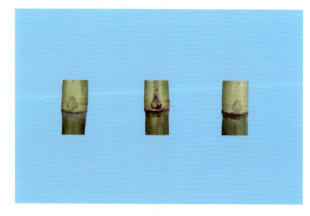

芽形

▶ 25. 种质名称：96NG16

【特征特性】田间长势较好，茎形弯曲，节间圆筒形，曝光后节间呈绿色，节间长度较短，蜡粉带厚，木栓与生长裂缝无；脱叶性较好，宿根性差，分蘖能力一般；茎径属中茎种（平均茎径 2.52cm），12 月田间锤度 21.48%，蔗糖分 10.20%，纤维分 11.91%；田间观察感甘蔗花叶病；引种时种名为热带种，经鉴定染色体数为 $2n=102$ 条，应为杂交材料。

田间长势

株形

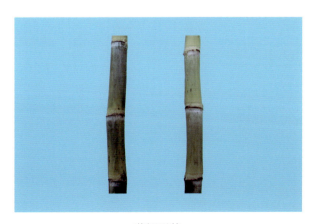

节间形状

芽形

▶ 26. 种质名称：14NG124

【特征特性】田间长势一般，茎形直立，节间圆筒形，曝光后节间有紫色条纹，节间长度短，蜡粉带薄，无木栓和生长裂缝；脱叶性较好，宿根性差，分蘖能力弱；茎径属中大茎种（平均茎径2.66cm），12月田间锤度20.56%，蔗糖分15.03%，纤维分12.46%；田间观察感甘蔗花叶病；引种时种名为热带种，染色体待鉴定。

田间长势

株形

节间形状

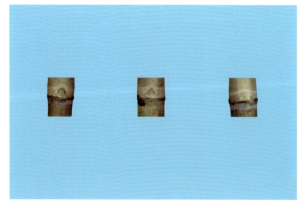

芽形

▶ 27. 种质名称：NC20

【特征特性】田间长势一般，在水田长势差，旱地长势较好，茎形直立，节间圆筒形，曝光后节间呈深紫色，节间长度中等，无蜡粉带，无木栓和生长裂缝；脱叶性一般，宿根性差，分蘖能力弱；茎径属中茎种（平均茎径 2.23cm），12 月田间锤度 20.60%，蔗糖分 12.12%，纤维分 7.31%；田间观察无感病情况；引种时种名为热带种，经鉴定染色体数为 2n=80 条。

田间长势

株形

节间形状

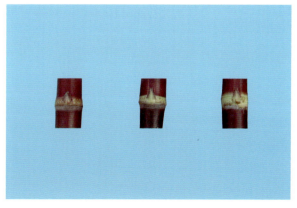

芽形

▶ 28. 种质名称：Zopilota

【特征特性】田间长势旺盛，茎形直立，节间圆筒形，曝光前节间呈黄绿色，曝光后节间呈紫红色，节间长度中等，蜡粉带厚，无木栓和生长裂缝；脱叶性好，宿根性差，分蘖能力较弱；茎径属中大茎种（平均茎径 3.33cm），12 月田间锤度 20.80%，蔗糖分 7.49%，纤维分 9.88%；田间观察无感病情况；引种时种名为热带种，经鉴定染色体数为 2n=108 条，应为杂交材料。

田间长势

株形

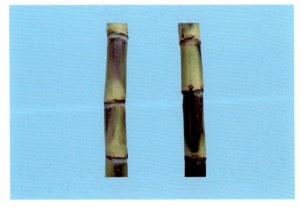

节间形状

芽形

▶ 29. 种质名称：28NG251

【特征特性】田间长势旺盛，茎形直立，节间圆筒形，曝光后节间有紫色条纹，节间长度中等，蜡粉带薄，无木栓和生长裂缝；脱叶性较好，宿根性在旱地比水田好，分蘖能力弱；茎径属大茎种（平均茎径 3.64cm），12 月田间锤度 22.08%，蔗糖分 15.72%，纤维分 14.13%；田间观察感甘蔗花叶病；引种时种名为热带种，经鉴定染色体数为 2n=110 条，应为杂交材料。

田间长势

株形

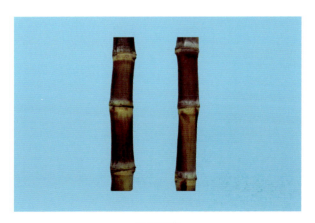

节间形状

芽形

▶ 30. 种质名称：Kewali

【特征特性】田间长势弱小，茎形直立，有效茎多，叶黄绿色，节间圆筒形，曝光前节间呈黄绿色，曝光后节间有紫色条纹，节间长度中等，蜡粉带薄，无木栓和生长裂缝；脱叶性差，宿根性一般，分蘖能力强；茎径属细茎种（平均茎径1.61cm），12月田间锤度19.52%，蔗糖分11.57%，纤维分8.30%；田间观察无感病情况；引种时种名为热带种，经鉴定染色体数为2n=116条，应为杂交材料。

田间长势

株形

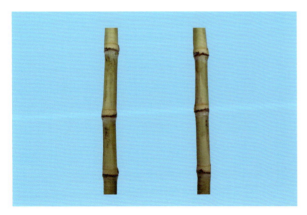

节间形状

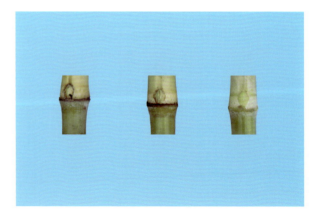

芽形

▶ 31. 种质名称：Kara Kara Wa

【特征特性】田间长势旺盛，茎形弯曲，节间圆筒形，曝光前节间呈黄绿色，曝光后节间呈紫红色，节间长度中等，蜡粉带薄，无木栓和生长裂缝；茎叶细小，宿根性好，分蘖能力强，丛生性好，有效茎多；茎径属细茎种（平均茎径 1.32cm），12 月田间锤度 19.36%，蔗糖分 10.02%，纤维分 19.48%；田间观察感黑穗病；引种时种名为热带种，经鉴定染色体数为 2n=98 条，应为杂交材料。

田间长势

株形

节间形状

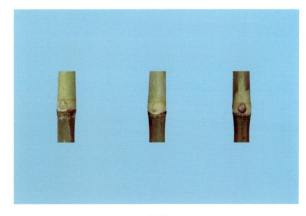

芽形

▶ **32. 种质名称：澳热**

【**特征特性**】田间长势较弱,茎形直立,节间圆筒形,曝光后节间呈深紫色,节间长度较短,蜡粉带厚,木栓呈条纹状,生长裂缝深；脱叶性好,宿根性差,分蘖能力弱；茎径属大茎种（平均茎径 4.24cm）,12 月田间锤度 21.28%,蔗糖分 11.11%,纤维分 18.53%；田间观察感甘蔗花叶病；经鉴定染色体数为 2n=80 条。

田间长势

株形

节间形状

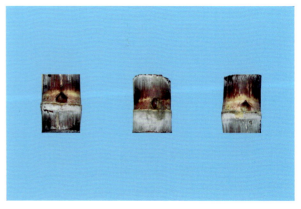

芽形

第二节　甘蔗属印度种 *Saccharum barberi* J.

▶ 33. 种质名称：Mungo

【特征特性】田间长势一般，茎形直立，节间圆筒形，曝光前节间呈黄绿色，曝光后节间呈深绿色，节间长度短，蜡粉带薄，无木栓和生长裂缝；脱叶性差，宿根性好，分蘖能力较强；茎径属细茎种（平均茎径1.70cm），12月田间锤度15.00%，蔗糖分12.80%，纤维分9.27%；田间观察易受粉蚧虫害。

田间长势

株形

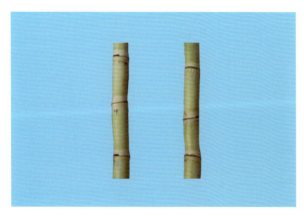

节间形状

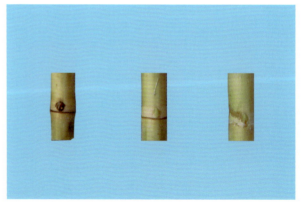

芽形

▶ 34. 种质名称：Nagans

【特征特性】田间长势较弱，茎形直立，茎叶细小，茎下部有气生根，节部粗大，节间圆锥形，曝光前节间呈黄绿色（有斑块），曝光后节间呈紫红色，节间长度短，蜡粉带薄，无木栓和生长裂缝；宿根性强，分蘖能力一般；茎径属细茎种（平均茎径 1.23cm），12 月田间锤度 23.88%，蔗糖分 11.39%，纤维分 10.60%；田间观察叶鞘有粉蚧；经鉴定染色体数为 2*n*=106 条。

田间长势

株形

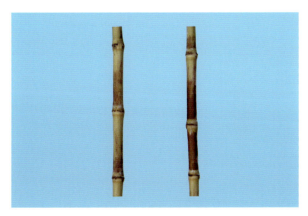

节间形状

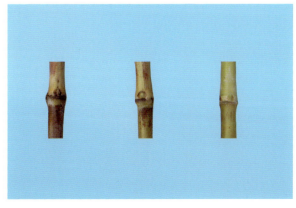

芽形

▶ 35. 种质名称：Pansahi

【特征特性】田间长势一般，茎形弯曲，发株晚，节间圆筒形，曝光后节间有紫色条纹，节间长度中等，蜡粉带薄，木栓呈斑块状，无生长裂缝；脱叶性差，宿根性差，分蘖能力一般；茎径属中大茎种（平均茎径2.83cm），12月田间锤度20.20%，蔗糖分12.69%，纤维分13.00%；田间观察无感病情况；经鉴定染色体数为2n=116条。

田间长势

株形

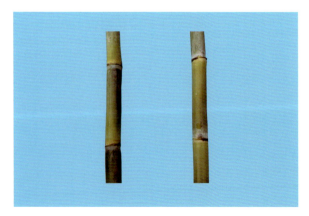
节间形状

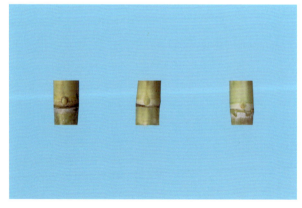
芽形

▶ 36. 种质名称：Nagori

【**特征特性**】田间长势一般，茎形直立，茎叶细小，有气生根，节部粗大，节间圆锥形，曝光前节间呈深绿色，曝光后节间有紫色和红色条纹，节间长度中等，蜡粉带薄，木栓呈斑块状，无生长裂缝；脱叶性差，宿根性好，分蘖能力一般；茎径属细茎种（平均茎径1.24cm），12月田间锤度22.80%，蔗糖分12.89%，纤维分14.06%；田间观察高感甘蔗花叶病；经鉴定染色体数为2n=118条。

田间长势

株形

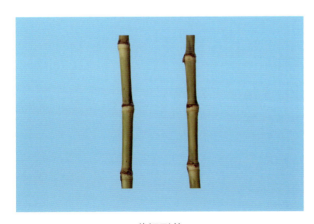
节间形状

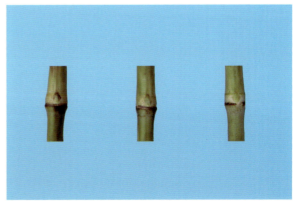
芽形

▶ 37. 种质名称：Katha

【特征特性】田间长势一般，苗期长势弱，后期成茎率高，茎形直立，节间圆锥形，曝光后节间有绿色条纹，节间长度短，蜡粉带薄，无木栓和生长裂缝；脱叶性较差，宿根性好，分蘖能力强；茎径属细茎种（平均茎径1.65cm），12月田间锤度20.88%，蔗糖分12.86%，纤维分16.13%；田间观察感甘蔗花叶病。

田间长势

株形

节间形状

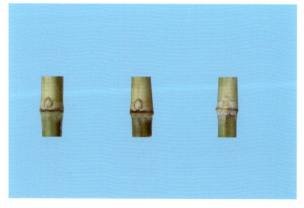

芽形

▶ 38. 种质名称：Hatuni

【特征特性】田间长势一般，茎形直立，节间圆筒形，曝光前节间呈黄绿色，曝光后节间有紫色和绿色条纹，节间长度较短，蜡粉带薄，无木栓和生长裂缝；脱叶性较差，宿根性差，苗期生长缓慢，后期成茎率较好；茎径属细茎种（平均茎径 1.47cm），12 月田间锤度 18.92%，蔗糖分 11.19%，纤维分 12.76%；田间观察高感甘蔗花叶病；经鉴定染色体数为 $2n=118$ 条。

田间长势

株形

节间形状

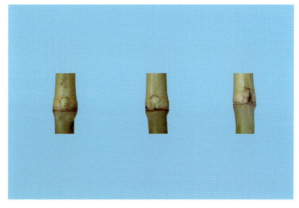

芽形

第三节　甘蔗属中国种 *Saccharum sinense* R.

▶ 39. 种质名称：芦蔗

【特征特性】田间长势较好，茎形弯曲，叶窄，叶片中部下垂，叶鞘背有红斑，类似高粱叶片，节间圆筒形，曝光后节间呈深绿，节间长度中等，蜡粉带薄，无木栓和生长裂缝；脱叶性好，宿根性一般，分蘖能力强；茎径属细茎种（平均茎径 1.41cm），12 月田间锤度 16.20%，蔗糖分 7.20%，纤维分 10.71%；田间观察感甘蔗花叶病。

田间长势

株形

节间形状

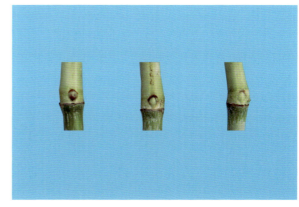

芽形

▶ **40. 种质名称：四川芦蔗**

【**特征特性**】田间长势旺盛，茎形直立，叶片类似高粱叶片，节间圆锥形，曝光前节间呈黄绿色，曝光后节间呈绿条纹，节间长度长，蜡粉带薄，无木栓和生长裂缝；脱叶性差，宿根性好，分蘖能力强；茎径属细茎种（平均茎径 1.83cm），12 月田间锤度 19.12%，蔗糖分 10.26%，纤维分 12.10%；田间观察感甘蔗花叶病。

田间长势

株形

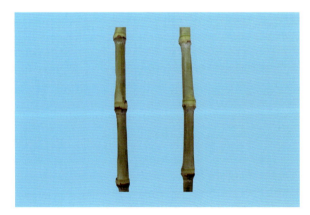

节间形状

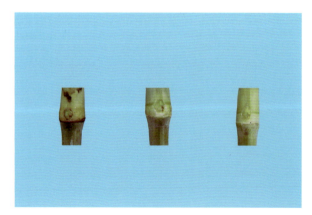

芽形

▶ 41. 种质名称：德阳大叶子

【特征特性】田间长势一般，茎形直立，叶黄绿色，节间圆锥形，曝光前节间呈黄绿色，曝光后节间呈紫红色，节间长度中等，蜡粉带薄，木栓呈斑块状，无生长裂缝；脱叶性一般，宿根性好，分蘖能力强；茎径属中小茎种（平均茎径 2.11cm），12 月田间锤度 21.96%，蔗糖分 14.84%，纤维分 17.61%；田间观察感甘蔗花叶病；经鉴定染色体数为 2*n*=116 条。

田间长势

株形

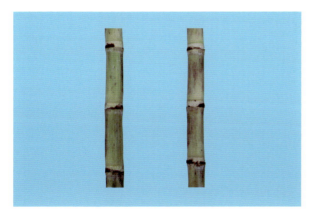

节间形状

芽形

▶ 42. 种质名称：犍为细叶子（又名犍为芦蔗）

【特征特性】 田间长势旺盛，茎形弯曲，节间圆锥形，叶黄绿色，形似高粱叶片，下部叶鞘有红色斑痕，曝光后节间呈绿色，节间长度中等，蜡粉带薄，无木栓和生长裂缝；脱叶性差，宿根性好，分蘖能力强；茎径属中小茎种（平均茎径1.79cm），12月田间锤度14.64%，蔗糖分8.22%，纤维分23.76%；田间观察感甘蔗花叶病。

田间长势

株形

节间形状

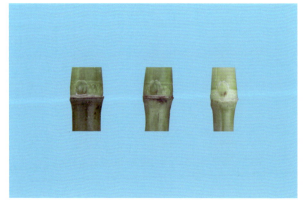

芽形

▶ 43. 种质名称：河南许昌蔗

【特征特性】田间长势一般，茎形弯曲，节间圆筒形，叶鞘根部略带紫红色，曝光后节间呈紫色，节间长度中等，蜡粉带薄，木栓呈斑块状，无生长裂缝；脱叶性和宿根性差，分蘖能力弱；茎径属中小茎种（平均茎径 2.44cm），12 月田间锤度 22.56%，蔗糖分 13.73%，纤维分 11.51%；田间观察无感病情况。

田间长势

株形

节间形状

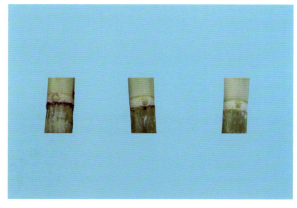

芽形

▶ 44. 种质名称：广东竹蔗

【特征特性】田间长势一般，茎形弯曲，丛生性强，茎叶细小，节间圆锥形，曝光后节间呈黄绿色，节间长度短，蜡粉带薄，木栓呈斑块状，无生长裂缝；脱叶性差，宿根性和分蘖能力较好；茎径属细茎种（平均茎径 1.84cm），12 月田间锤度 20.48%，蔗糖分 10.24%，纤维分 16.98%；田间观察有气生根，易受粉蚧虫害，感甘蔗花叶病；染色体数（2n）为 116 ~ 118 条。

田间长势

株形

节间形状

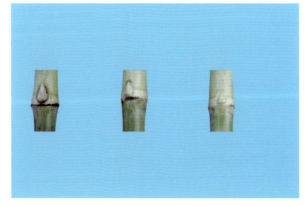

芽形

▶ **45. 种质名称：广西竹蔗**

【**特征特性**】田间长势一般，茎形直立，丛生性强，茎叶细小，节间圆锥形，曝光前后节间均呈黄绿色，节间长度短，蜡粉带薄，木栓呈斑块状，无生长裂缝；脱叶性差，宿根性好，分蘖能力较强；茎径属细茎种（平均茎径1.75cm），12月田间锤度21.86%，蔗糖分11.88%，纤维分10.32%；田间观察有气生根，易受粉蚧虫害，感甘蔗花叶病；染色体数（2*n*）为116 ~ 118条。

田间长势

株形

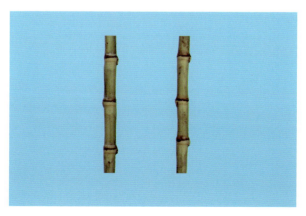

节间形状

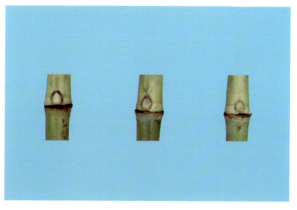

芽形

▶ 46. 种质名称：桂林竹蔗

【特征特性】田间长势一般，茎形直立，丛生性强，茎叶细小，节间圆锥形，曝光后节间呈黄绿色，节间长度短，蜡粉带薄，木栓呈斑块状，无生长裂缝；脱叶性差，宿根性较好，分蘖能力较强；茎径属细茎种（平均茎径 1.32cm），12 月田间锤度 19.40%，蔗糖分 12.08%，纤维分 12.00%；田间观察无感病情况；染色体数（2n）为 116 ～ 118 条。

田间长势

株形

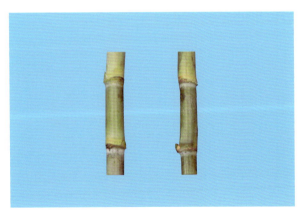

节间形状

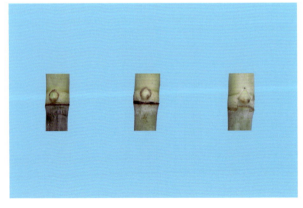

芽形

▶ 47. 种质名称：江西竹蔗

【特征特性】田间长势旺盛，茎形直立，节间圆锥形，曝光后节间呈黄绿色，节间长度短，蜡粉带薄，无木栓和生长裂缝；脱叶性和宿根性差，分蘖能力强；茎径属细茎种（平均茎径1.78cm），12月田间锤度17.80%，蔗糖分11.71%，纤维分11.92%；田间观察易受粉蚧虫害；染色体数（2n）为116～118条。

田间长势

株形

节间形状

芽形

▶ 48. 种质名称：潭州竹蔗

【特征特性】田间长势一般，茎形弯曲，节间圆锥形，曝光后节间呈绿色，节间长度中等，蜡粉带薄，木栓呈斑块状，无生长裂缝；脱叶性差，宿根性一般，分蘖能力强；茎径属细茎种（平均茎径 1.33cm），12 月田间锤度 18.92%，蔗糖分 12.53%，纤维分 14.36%；田间观察感甘蔗花叶病。

田间长势

株形

节间形状

芽形

▶ 49. 种质名称：南丰竹蔗

【**特征特性**】田间长势一般，茎形弯曲，有一定丛生性，叶小，叶片中部下垂，叶稍紧凑，节间圆锥形，曝光后节间呈绿色，节间长度中等，蜡粉带薄，木栓呈斑块状，无生长裂缝；脱叶性差，宿根性好，分蘖能力一般；茎径属细茎种（平均茎径 1.58cm），12 月田间锤度 20.88%，蔗糖分 12.82%，纤维分 12.12%；田间观察感甘蔗花叶病。

田间长势

株形

节间形状

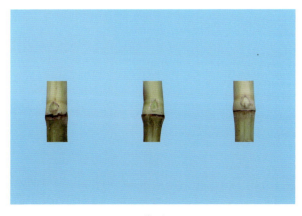
芽形

▶ 50. 种质名称：光泽竹蔗

【特征特性】田间长势一般，茎形弯曲，节间圆锥形，曝光后节间呈绿色，节间长度中等，蜡粉带薄，无木栓和生长裂缝；脱叶性差，宿根性好，分蘖能力强；茎径属细茎种（平均茎径 1.54cm），12 月田间锤度 20.48%，蔗糖分 11.63%，纤维分 12.21%；田间观察有气生根，易受粉蚧虫害，感甘蔗花叶病。

田间长势

株形

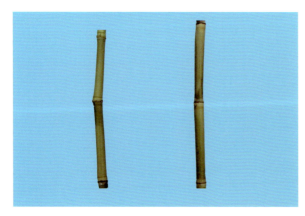

节间形状

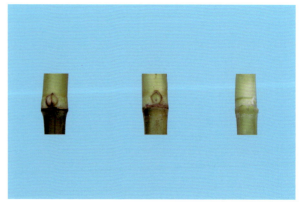

芽形

▶ **51. 种质名称：贵溪竹蔗**

【**特征特性**】田间长势一般，茎形直立，丛生性强，茎叶细小，叶黄绿色，节间圆锥形，曝光后节间呈黄绿色，节间长度短，蜡粉带薄，木栓呈斑块状，无生长裂缝；脱叶性差，宿根性较好，分蘖能力较强；茎径属细茎种（平均茎径 1.59cm），12 月田间锤度 20.36%，蔗糖分 11.35%，纤维分 11.12%；田间观察感甘蔗花叶病；经鉴定染色体数（2*n*）为 116 ~ 118 条。

田间长势

株形

节间形状

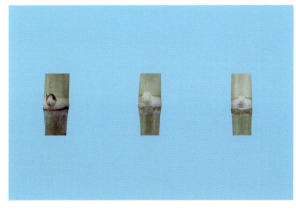

芽形

▶ 52. 种质名称：河唐竹蔗

【特征特性】田间长势一般，茎形直立，节间圆锥形，叶黄绿色，带条纹，曝光前节间呈黄绿色，曝光后节间呈紫红色，节间长度短，蜡粉带薄，木栓呈斑块状，无生长裂缝；脱叶性差，宿根性好，分蘖能力一般；茎径属细茎种（平均茎径1.86cm），12月田间锤度19.48%，蔗糖分10.40%，纤维分22.25%；田间观察无感病情况。

田间长势

株形

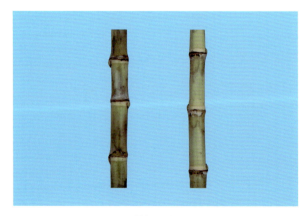

节间形状

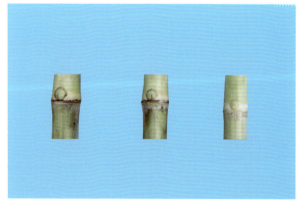

芽形

▶ 53. 种质名称：松溪竹蔗

【特征特性】田间长势旺盛，茎形直立，矮小，有效茎多，有一定丛生性，下部茎径易长气生根，叶细，节间圆筒形，曝光后节间呈黄绿色，节间长度中等，蜡粉带薄，无木栓和生长裂缝；宿根性和分蘖能力一般；茎径属细茎种（平均茎径 1.80cm），12 月田间锤度 17.52%，蔗糖分 11.82%，纤维分 12.56%；田间观察易受粉蚧虫害。

田间长势

株形

节间形状

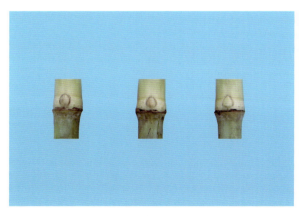

芽形

▶ 54. 种质名称：合庆草甘蔗

【特征特性】田间长势一般，茎形弯曲，茎叶细小，呈针状，节间圆筒形，曝光前节间呈黄绿色，曝光后节间呈绿色，节间长度短，蜡粉带薄，木栓呈斑块状，无生长裂缝；脱叶性差，宿根性和分蘖能力一般；茎径属中茎种（平均茎径 2.45cm），12 月田间锤度 19.20%，蔗糖分 12.29%，纤维分 10.68%；田间观察有气生根，易受粉蚧虫害，高感甘蔗花叶病。

田间长势

株形

节间形状

芽形

▶ 55. 种质名称：永胜蔗

【**特征特性**】田间长势旺盛，茎形直立，节间圆筒形，曝光前节间呈绿色，曝光后节间有紫色和绿色条纹，节间长度短，蜡粉带薄，木栓呈斑块状，无生长裂缝；脱叶性较好，宿根性一般，分蘖能力强；茎径属细茎种（平均茎径 2.23cm），12 月田间锤度 21.96%，蔗糖分 11.74%，纤维分 9.91%；田间观察感甘蔗花叶病；经鉴定染色体数为 2n=104 条。

田间长势

株形

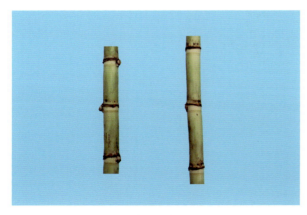

节间形状

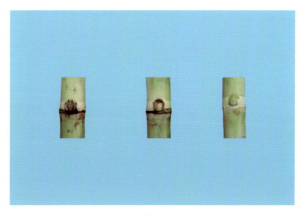

芽形

▶ 56. 种质名称：文山蔗

【特征特性】田间长势旺盛，茎形弯曲，有效茎多，拔节早，节间圆筒形，曝光后节间有紫色和绿色条纹，节间长度短，蜡粉带薄，木栓呈斑块状，有生长裂缝；宿根性好，有气生根，分蘖能力较强；茎径属中小茎种（平均茎径 2.19cm），12 月田间锤度 18.04%，蔗糖分 11.52%，纤维分 10.25%；田间观察感甘蔗花叶病。

田间长势

株形

节间形状

芽形

▶ 57. 种质名称：宾川小蔗

【特征特性】田间长势旺盛，茎形弯曲，节间圆锥形，曝光后节间呈深绿色，节间长度短，蜡粉带薄，木栓呈斑块状，无生长裂缝；脱叶性差，宿根性好，分蘖能力较强；茎径属细茎种（平均茎径 1.58cm），12 月田间锤度 20.60%，蔗糖分 11.33%，纤维分 11.26%；田间观察感甘蔗花叶病、黑穗病；经鉴定染色体数为 $2n$=102 条。

田间长势

株形

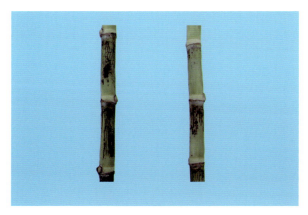

节间形状

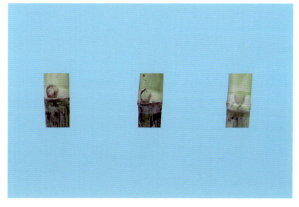

芽形

▶ 58. 种质名称：友巴

【**特征特性**】田间长势较好，茎形弯曲，节间圆锥形，曝光后节间呈绿色，节间长度较短，蜡粉带薄，无木栓和生长裂缝；脱叶性较好，宿根性好，分蘖能力较强；茎径属中茎种（平均茎径 2.00cm），12 月田间锤度 20.80%，蔗糖分 11.13%，纤维分 9.95%；田间观察感甘蔗花叶病；经鉴定染色体数为 2*n*=104 条。

田间长势

株形

节间形状

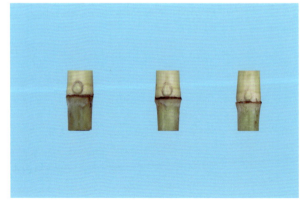

芽形

▶ 59. 种质名称：Cayana 10

【特征特性】田间长势较好，茎形直立，节间圆筒形，曝光后节间呈深绿色，节间长度中等，蜡粉带薄，无木栓和生长裂缝；脱叶性较好，宿根性一般，分蘖能力弱；茎径属中茎种（平均茎径2.28cm），12月田间锤度21.20%，蔗糖分13.25%，纤维分10.37%；田间观察无感病情况。

田间长势

株形

节间形状

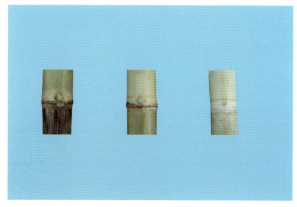

芽形

▶ 60.种质名称：高楼竹蔗

【特征特性】田间长势旺盛,茎形直立,节间圆筒形,曝光后节间呈深绿色,节间长度中等,蜡粉带薄,木栓呈斑块状,生长裂缝浅；宿根性好,分蘖能力强；茎径属中小茎种（平均茎径2.4cm）,丛生性好,有效茎多,气生根严重,12月田间锤度16.21%,蔗糖分8.84%,纤维分17.80%；田间观察高感甘蔗花叶病。

田间长势

株形

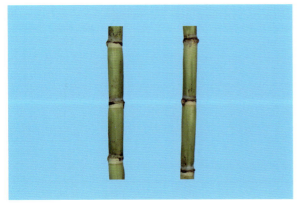

节间形状

芽形

第三章

甘蔗地方品种图谱

▶ 61.种质名称：**福州白蔗**

【**特征特性**】田间长势一般，茎形直立，叶绿色，带条纹，叶尖呈针状，节间圆筒形，曝光后节间有紫色条纹，节间长度短，蜡粉带薄，木栓呈斑块状，无生长裂缝；脱叶性差，宿根性差，分蘖能力弱；茎径属中茎种（平均茎径2.54cm），12月田间锤度23.24%，蔗糖分15.50%，纤维分14.82%；田间观察感甘蔗花叶病。

田间长势

株形

节间形状

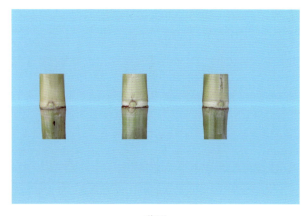

芽形

▶ **62. 种质名称：白楼蔗**

【**特征特性**】田间长势旺盛，茎形弯曲，叶黄绿色，节间呈腰鼓形，曝光前节间呈黄绿色，曝光后节间呈绿色，节间长度中等，蜡粉带厚，无木栓和生长裂缝；脱叶性一般，宿根性好，分蘖能力强；茎径属中茎种（平均茎径 2.91cm），12 月田间锤度 17.91%，蔗糖分 11.34%，纤维分 16.32%；田间观察感甘蔗花叶病。

田间长势

株形

节间形状

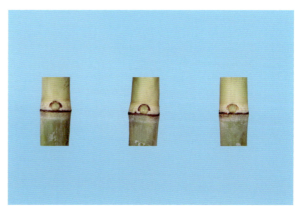

芽形

▶ **63. 种质名称：白眉蔗**

【特征特性】田间长势弱，茎形直立，节间圆筒形，曝光前节间呈黄绿色，曝光后节间有黄色条纹，节间长度中等，无蜡粉带，木栓呈条纹状，无生长裂缝；脱叶性一般，宿根性差，分蘖能力一般；茎径属中茎种（平均茎径 2.58cm），12 月田间锤度 21.24%，蔗糖分 13.02%，纤维分 16.38%；田间观察高感甘蔗花叶病；经鉴定染色体数为 2n=104 条。

田间长势

株形

节间形状

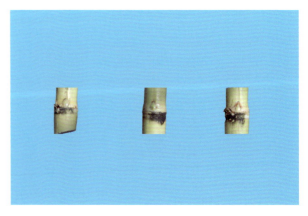

芽形

▶ 64. 种质名称：班帅小黑蔗

【**特征特性**】田间长势较好，茎形直立，节间圆锥形，曝光后节间呈深紫色，节间长度中等，蜡粉带薄，木栓呈斑块状，无生长裂缝；脱叶性较好，宿根性一般，分蘖能力较强；茎径属中小茎种（平均茎径 2.40cm），12 月田间锤度 19.40%，蔗糖分 12.35%，纤维分 18.74%；田间观察高感甘蔗花叶病、黑穗病。

田间长势

株形

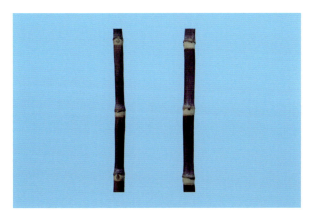

节间形状

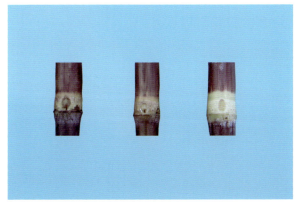

芽形

▶ 65. 种质名称：草甘蔗

【特征特性】田间长势旺盛，茎形直立，节间圆锥形，曝光后节间有绿色条纹，节间长度中等，蜡粉带薄，无木栓和生长裂缝；脱叶性好，宿根性好，分蘖能力强；茎径属中茎种（平均茎径 2.43cm），12 月田间锤度 15.58%，蔗糖分 9.22%，纤维分 15.03%；田间观察高感甘蔗花叶病。

田间长势

株形

节间形状

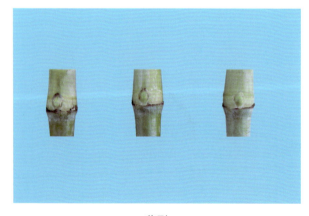

芽形

▶ **66. 种质名称：城子上芭茅甘蔗**

【**特征特性**】田间长势较好，茎形直立，叶深绿色，叶窄，叶片中部下垂，节间圆筒形，曝光前节间呈黄绿色，曝光后节间颜色呈紫色，节间长度中等，蜡粉带厚，木栓呈斑块状，无生长裂缝；脱叶性一般，宿根性弱，分蘖能力一般；茎径属中茎种（平均茎径 2.35cm），12 月田间锤度 20.48%，蔗糖分 13.22%，纤维分 15.41%；田间观察无感病情况。

田间长势

株形

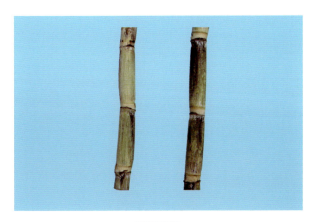

节间形状

芽形

▶ 67. 种质名称：春武尼

【特征特性】田间长势旺盛，茎形弯曲，叶细，叶绿色，叶鞘背及边缘有毛，节间圆锥形，曝光后节间呈绿色，节间长度长，蜡粉带薄，木栓呈斑块状，无生长裂缝；宿根性好，分蘖能力强；茎径属细茎种（平均茎径 1.66cm），12 月田间锤度 17.36%，蔗糖分 5.56%，纤维分 30.63%；田间观察无感病情况。

田间长势

株形

节间形状

芽形

▶ 68. 种质名称：肚度种

【**特征特性**】田间长势较差，茎形直立，节间细腰形，曝光后节间呈黄绿色，节间长度短，蜡粉带薄，无木栓和生长裂缝；脱叶性一般，宿根性差，分蘖能力弱；茎径属中茎种（平均茎径 2.76cm），12 月田间锤度 22.28%，蔗糖分 13.87%，纤维分 15.04%；田间观察感甘蔗花叶病、黄叶病；经鉴定染色体数为 2n=80 条，应为热带种。

田间长势

株形

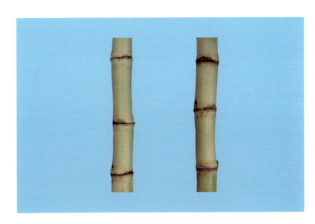

节间形状

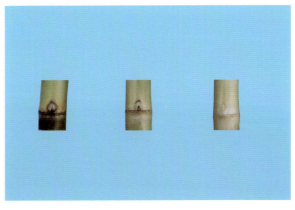

芽形

▶ 69. 种质名称：地古白蔗

【特征特性】田间长势旺盛，茎形直立，叶绿色，叶片中部下垂，叶鞘无毛，节间圆筒形，曝光后节间有绿色条纹，节间长度长，蜡粉带薄，无木栓，生长裂缝浅；脱叶性差，宿根性一般，分蘖能力强；茎径属中茎种（平均茎径 2.88cm），12 月田间锤度 21.96%，蔗糖分 15.32%，纤维分 12.07%；田间观察感甘蔗花叶病。

田间长势

株形

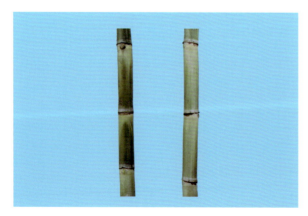
节间形状

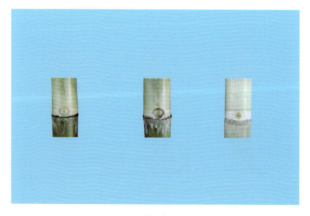
芽形

▶ 70. 种质名称：绿皮甘蔗

【特征特性】田间长势一般，茎形直立，节间圆筒形，曝光前节间呈黄绿色，曝光后节间有紫色和绿色条纹，节间长度中等，蜡粉带薄，木栓有呈条纹状无生长裂缝；脱叶性一般，宿根性差，分蘖能力较好；茎径属中小茎种（平均茎径 2.24cm），12 月田间锤度 16.00%，蔗糖分 10.02%，纤维分 18.71%；田间观察感甘蔗花叶病。

田间长势

株形

节间形状

芽形

▶ 71. 种质名称：罗汉蔗

【特征特性】田间长势较差，茎形直立，节间细腰形，曝光后节间有紫色条纹，节间长度短，蜡粉带薄，无木栓和生长裂缝；脱叶性好，宿根性差，分蘖能力弱；茎径属中茎种（平均茎径2.29cm），12月田间锤度21.20%，蔗糖分12.30%，纤维分7.86%；田间观察感甘蔗花叶病；经鉴定染色体数为2n=80条，应为热带种。

田间长势

株形

节间形状

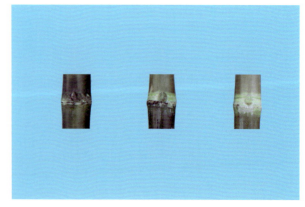

芽形

▶ 72. 种质名称：马绿杆

【特征特性】田间长势旺盛，茎形直立，节间圆筒形，曝光后节间有紫色和绿色条纹，节间长度中等，蜡粉带薄，木栓呈条纹状，无生长裂缝；脱叶性差，宿根性好，分蘖能力强；茎径属中小茎种（平均茎径2.36cm），12月田间锤度18.99%，蔗糖分13.61%，纤维分11.81%；田间观察感甘蔗花叶病。

田间长势

株形

节间形状

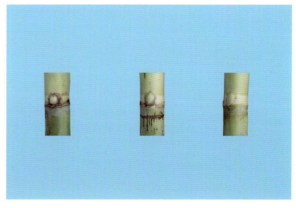

芽形

▶ **73. 种质名称：马鹿甘蔗**

【**特征特性**】田间长势较好，茎形弯曲，有一定丛生性，叶绿色，叶尖下垂，叶鞘有少量毛群，节间腰鼓形，曝光后节间呈深紫色，节间长度中等，蜡粉带厚，无木栓和生长裂缝；宿根性好，分蘖能力较强；茎径属中茎种（平均茎径 2.18cm），12 月田间锤度 22.12%，蔗糖分 14.17%，纤维分 12.17%；田间观察无感病情况。

田间长势

株形

节间形状

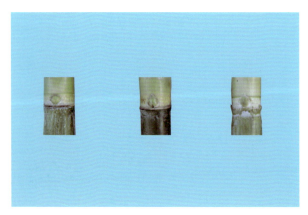

芽形

▶ 74. 种质名称：曼拱绿毛蔗

【特征特性】田间长势旺盛，茎形直立，有气生根，叶黄绿色，茎叶细小，叶上部下垂，节间圆筒形，曝光前节间呈白绿色，曝光后节间有紫色和绿色条纹，节间长度短，蜡粉带薄，木栓呈斑块状，生长裂缝浅；脱叶性差，宿根性好，分蘖能力强；茎径属细茎种（平均茎径 2.15cm），12 月田间锤度 17.40%，蔗糖分 10.62%，纤维分 15.38%；田间观察感甘蔗花叶病。

田间长势

株形

节间形状

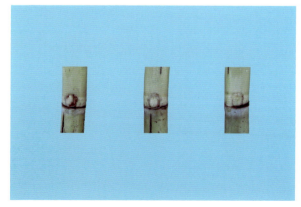
芽形

▶ 75. 种质名称：曼拱紫蔗

【特征特性】田间长势较差，茎形直立，节间圆筒形，曝光后节间呈深紫色，节间长度中等，蜡粉带厚，无木栓，生长裂缝浅；脱叶性好，宿根性差，分蘖能力弱；茎径属细茎种（平均茎径2.14cm），12月田间锤度17.64%，蔗糖分11.98%，纤维分13.11%；田间观察感甘蔗花叶病。

田间长势

株形

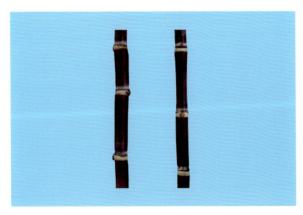

节间形状

芽形

▶ 76. 种质名称：老乌寨甘蔗

【特征特性】田间长势旺盛，茎形直立，叶青绿色，叶呈针状，叶鞘紫红，节间圆筒形，曝光后节间呈深紫色，节间长度中等，蜡粉带厚，无木栓和生长裂缝；脱叶性好，宿根性一般，分蘖能力强；茎径属中茎种（平均茎径2.41cm），12月田间锤度22.44%，蔗糖分12.95%，纤维分19.17%；田间观察感甘蔗花叶病。

田间长势

株形

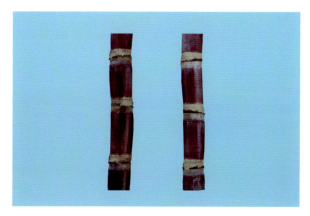

节间形状

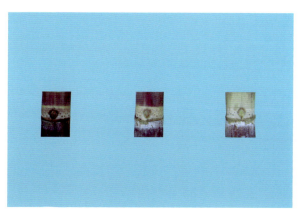

芽形

▶ 77. 种质名称：曼亨甘蔗

【特征特性】田间长势旺盛，茎形直立，有气生根，叶绿色，叶鞘有毛，节间圆筒形，曝光后节间有绿色条纹，节间长度中等，蜡粉带厚，木栓呈斑块状，无生长裂缝；宿根性一般，分蘖能力强；茎径属中小茎种（平均茎径 2.25cm），12 月田间锤度 20.60%，蔗糖分 14.53%，纤维分 12.07%；田间观察无感病情况。

田间长势

株形

节间形状

芽形

▶ **78. 种质名称：绿皮蔗（猪脚甘蔗）**

【**特征特性**】田间长势旺盛，茎形直立，叶宽大，叶片中部下垂，叶鞘有毛，节间腰鼓形，曝光前节间呈绿色，曝光后节间有绿色和紫色条纹，节间长度中等，蜡粉带薄，木栓呈条纹状，无生长裂缝；脱叶性好，宿根性差，分蘖能力弱；茎径属大茎种（平均茎径 4.2cm），12 月田间锤度 18.19%，蔗糖分 13.73%，纤维分 8.38%；田间观察感甘蔗花叶病。

田间长势

株形

节间形状

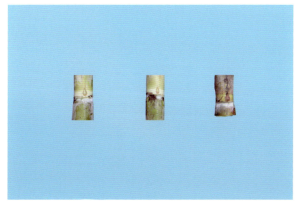
芽形

▶ **79. 种质名称：米易罗汉蔗**

【**特征特性**】田间长势较弱，茎形弯曲，成熟后气生根较多，节间圆筒形，曝光后节间有绿色条纹，节间长度短，蜡粉带薄，无木栓和生长裂缝；脱叶性好，宿根性差，分蘖能力弱；茎径属中茎种（平均茎径 2.59cm），12 月田间锤度 19.59%，蔗糖分 14.04%，纤维分 12.59%；田间观察无感病情况。

田间长势

株形

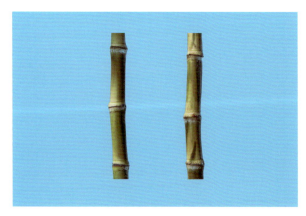

节间形状

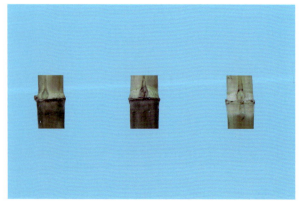

芽形

▶ 80. 种质名称：脆皮蔗

【特征特性】田间长势较弱，茎形直立，节间倒圆锥形，曝光前节间有黄色条纹，曝光后节间呈紫红色，节间长度短，蜡粉带薄，无木栓和生长裂缝；脱叶性一般，宿根性差，分蘖能力弱；茎径属中大茎种（平均茎径 3.16cm），12 月田间锤度 15.29%，蔗糖分 9.62%，纤维分 10.13%；田间观察感甘蔗花叶病。

田间长势

株形

节间形状

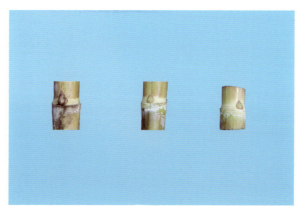

芽形

▶ 81. 种质名称：青阳蔗

【特征特性】田间长势旺盛，茎形直立，节间圆锥形，曝光后节间有绿色条纹，节间长度短，蜡粉带薄，木栓呈斑块状，无生长裂缝；脱叶性差，宿根性好，分蘖能力强；茎径属细茎种（平均茎径 2.20cm），12月田间锤度18.60%，蔗糖分8.73%，纤维分12.93%；田间观察感甘蔗花叶病。

田间长势

株形

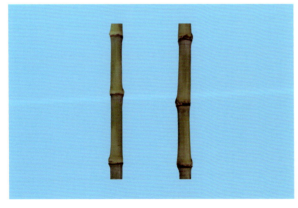

节间形状

芽形

▶ 82. 种质名称：尚岗蔗

【特征特性】田间长势一般，茎形弯曲，叶黄绿色，叶鞘有毛，叶片中部下垂，节间圆筒形，曝光后节间有紫色和黄色条纹，节间长度较短，蜡粉带薄，木栓呈斑块状，无生长裂缝；脱叶性较好，宿根性差，分蘖能力弱；茎径属中小茎种（平均茎径 2.32cm），12 月田间锤度 21.80%，蔗糖分 13.14%，纤维分 17.37%；田间观察感甘蔗花叶病。

田间长势

株形

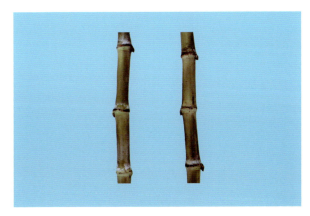
节间形状

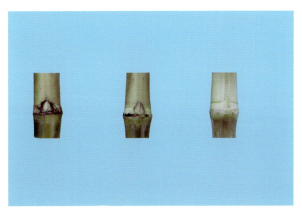
芽形

▶ 83. 种质名称：四川白鳝蔗

【特征特性】田间长势旺盛，茎形直立，叶黄绿色，叶鞘带紫红色，节间圆筒形，曝光后节间呈紫色，节间长度中等，蜡粉带薄，无木栓和生长裂缝；脱叶性较好，宿根性一般，分蘖能力弱；茎径属中茎种（平均茎径 2.89cm），12 月田间锤度 19.88%，蔗糖分 12.82%，纤维分 10.59%；田间观察感甘蔗花叶病；经鉴定染色体数为 2n=80 条，应为热带种。

田间长势

株形

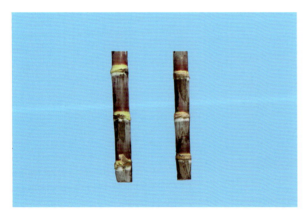

节间形状

芽形

▶ 84. 种质名称：黔糖 3 号

【**特征特性**】田间长势旺盛，茎形直立，节间圆筒形，曝光后节间呈紫红色，节间长度中等，蜡粉带薄，无木栓和生长裂缝；脱叶性较好，宿根性好，分蘖能力较强；茎径属中茎种（平均茎径2.89cm），12月田间锤度16.64%，蔗糖分11.20%，纤维分10.60%；田间观察感甘蔗花叶病。

田间长势

株形

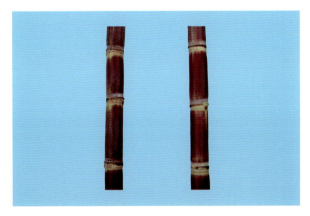

节间形状

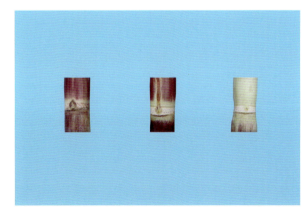

芽形

▶ 85. 种质名称：他朗绿甘蔗

【特征特性】田间长势较差，茎形直立，叶黄绿色，叶细，叶鞘有毛，节间圆筒形，曝光后节间有绿色条纹，节间长度中等，蜡粉带无，木栓呈条纹状，生长裂缝浅；脱叶性差，宿根性差，分蘖能力弱；茎径属中小茎种（平均茎径 2.06cm），12 月田间锤度 19.19%，蔗糖分 14.62%，纤维分 8.76%；田间观察无感病情况。

田间长势

株形

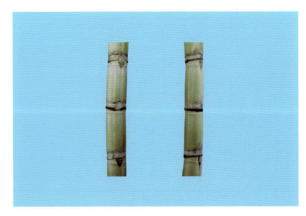

节间形状

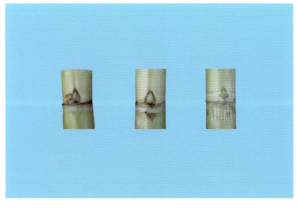

芽形

▶ 86. 种质名称：磨龙蔗

【特征特性】田间长势旺盛，茎形直立，节间细腰形，曝光前节间呈黄绿色，曝光后节间有绿色条纹，节间长度中等，蜡粉带薄，木栓有且呈条纹状，无生长裂缝；宿根性一般，分蘖能力一般；茎径属细茎种（平均茎径2.35cm），12月田间锤度17.28%，蔗糖分9.46%，纤维分12.70%；田间观察感黑穗病。

田间长势

株形

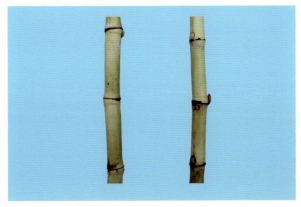

节间形状

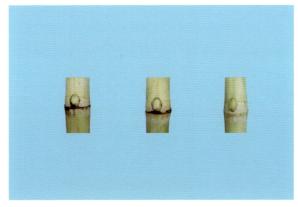

芽形

▶ 87. 种质名称：歪干担

【特征特性】田间长势一般，茎形直立，节间圆筒形，曝光前节间有紫色条纹，曝光后节间呈紫红色，节间长度中等，无蜡粉带，无木栓和生长裂缝；脱叶性差，宿根性差，分蘖能力弱；茎径属中茎种（平均茎径 2.50cm），12 月田间锤度 21.12%，蔗糖分 9.59%，纤维分 8.70%；田间观察感甘蔗花叶病。

田间长势

株形

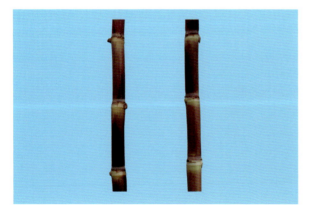

节间形状

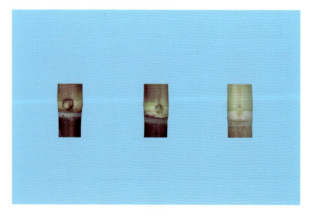

芽形

▶ 88. 种质名称：陶山蔗

【特征特性】田间长势弱，茎形直立，节间圆筒形，曝光后节间呈紫红色，节间长度短，蜡粉带薄，无木栓和生长裂缝；脱叶性和宿根性一般，分蘖能力较强；茎径属中大茎种（平均茎径 3.42cm），12月田间锤度 19.32%，蔗糖分 13.03%，纤维分 9.46%；田间观察感甘蔗花叶病。

田间长势

株形

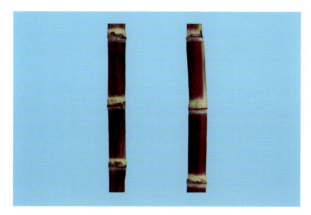

节间形状

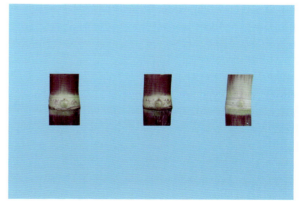

芽形

▶ 89. 种质名称：泡甘蔗

【特征特性】田间长势弱，茎形直立，叶黄绿色，叶宽大，节间圆筒形，曝光后节间呈深紫色，节间长度中等，蜡粉带薄，无木栓和生长裂缝；脱叶性较好，宿根性差，分蘖能力弱；茎径属中大茎种（平均茎径 3.90cm），12 月田间锤度 21.69%，蔗糖分 15.57%，纤维分 11.42%；田间观察无感病情况。

田间长势

株形

节间形状

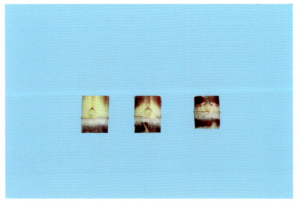

芽形

▶ 90. 种质名称：甜疙瘩

【特征特性】田间长势旺盛，茎形直立，节间圆筒形，曝光后节间呈深绿色，节间长度中等，蜡粉带薄，木栓呈斑块状，无生长裂缝；脱叶性差，宿根性好，分蘖能力强；茎径属细茎种（平均茎径1.99cm），12月田间锤度15.80%，蔗糖分12.05%，纤维分18.23%；田间观察感甘蔗花叶病、黑穗病。

田间长势

株形

节间形状

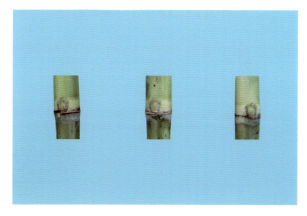
芽形

▶ 91. 种质名称：黄皮蔗

【特征特性】田间长势旺盛，茎形直立，丛生性强，叶深绿色，叶鞘有毛，节间圆筒形，曝光后节间有黄色条纹，节间长度中等，蜡粉带厚，无木栓和生长裂缝；脱叶性和宿根性一般，分蘖能力较强；茎径属中茎种（平均茎径 2.32cm），12 月田间锤度 23.00%，蔗糖分 15.72%，纤维分 14.51%；田间观察无感病情况。

田间长势

株形

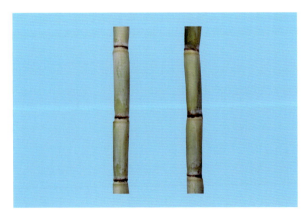

节间形状

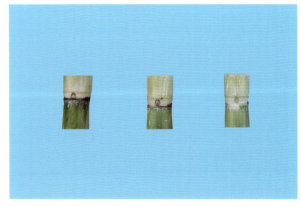

芽形

▶ 92. 种质名称：大黑蔗

【特征特性】田间长势旺盛，茎形弯曲，叶深绿色，叶鞘有毛，节间圆筒形，曝光前节间呈黄绿色，曝光后节间呈紫红色，节间长度中等，蜡粉带厚，无木栓和生长裂缝；脱叶性和宿根性好，分蘖能力较强；茎径属中茎种（平均茎径 2.75cm），12 月田间锤度 23.72%，蔗糖分 14.65%，纤维分 12.52%；田间观察无感病情况。

田间长势

株形

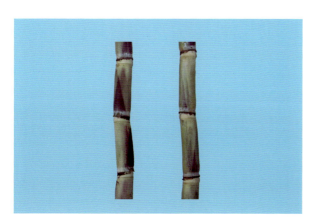
节间形状

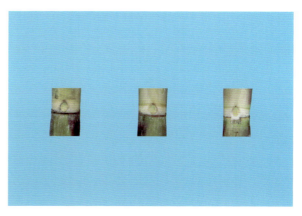
芽形

▶ 93. 种质名称：南规甘蔗

【特征特性】田间长势一般，茎形直立，有一定丛生性，叶尖呈针状，中部下垂，节间圆筒形，曝光后节间呈紫红色，节间长度长，蜡粉带厚，无木栓和生长裂缝；脱叶性好，宿根性一般，分蘖能力较好；茎径属中茎种（平均茎径2.48cm），12月田间锤度21.40%，蔗糖分14.17%，纤维分13.33%；田间观察无感病情况。

田间长势

株形

节间形状

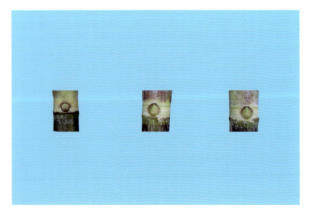

芽形

► **94. 种质名称：新街甘蔗**

【特征特性】田间长势一般，茎形直立，叶鞘有毛群，节间圆筒形，曝光后节间有紫色和绿色条纹，节间长度中等，蜡粉带厚，无木栓，生长裂缝浅；脱叶性和宿根性差，分蘖能力弱；茎径属中茎种（平均茎径 2.62cm），12 月田间锤度 21.04%，蔗糖分 13.68%，纤维分 13.69%；田间观察无感病情况。

田间长势

株形

节间形状

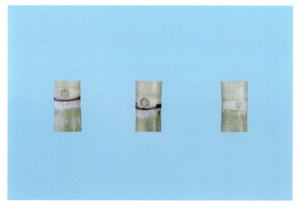

芽形

▶ 95. 种质名称：瑶山青皮蔗

【特征特性】田间长势旺盛，茎形直立，叶片宽大，叶黄绿色，老叶有黄斑，叶鞘有毛群，节间圆筒形，曝光前节间有绿色条纹，曝光后节间有紫色条纹，节间长度中等，蜡粉带厚，无木栓，生长裂缝浅；脱叶性较好，宿根性差，分蘖能力弱；茎径属中茎种（平均茎径2.93cm），12月田间锤度22.00%，蔗糖分12.65%，纤维分9.83%；田间观察无感病情况。

田间长势

株形

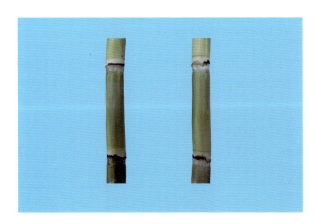

节间形状

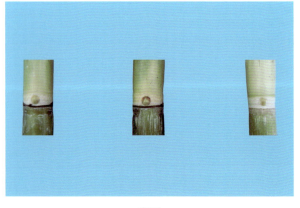

芽形

▶ 96. 种质名称：佤族黑甘蔗

【**特征特性**】田间长势旺盛，茎形直立，叶黄绿色，叶片中部下垂，节间圆筒形，曝光后节间呈深紫色，节间长度中等，蜡粉带厚，无木栓和生长裂缝；宿根性好，分蘖能力一般；茎径属中茎种（平均茎径 2.6cm），12 月田间锤度 18.87%，蔗糖分 12.11%，纤维分 20.54%；田间观察无感病情况。

田间长势

株形

节间形状

芽形

▶ 97. 种质名称：佤族绿甘蔗

【特征特性】田间长势旺盛，茎形直立，节间圆筒形，曝光前节间呈绿色，节间长度中等，蜡粉带薄，木栓呈斑块状，生长裂缝深；脱叶性一般，宿根性好，分蘖能力强；茎径属中小茎种（平均茎径 2.52cm），12 月田间锤度 17.56%，蔗糖分 10.95%，纤维分 11.44%；田间观察感甘蔗花叶病。

田间长势

株形

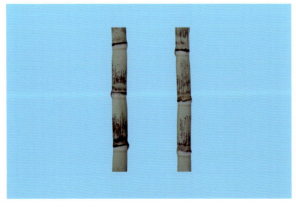

节间形状

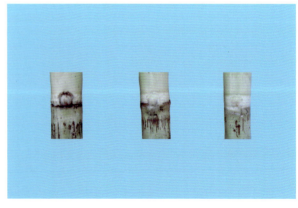

芽形

▶ 98. 种质名称：勐腊绿皮

【特征特性】田间长势旺盛，茎形直立，老叶鞘和叶脉发红，节间圆筒形，曝光后节间有绿色条纹，节间长度中等，蜡粉带厚，木栓呈条纹状，生长裂缝浅；宿根性好，分蘖能力差；茎径属中小茎种（平均茎径 2.18cm），12 月田间锤度 18.80%，蔗糖分 10.12%，纤维分 13.99%；田间观察感甘蔗花叶病。

田间长势

株形

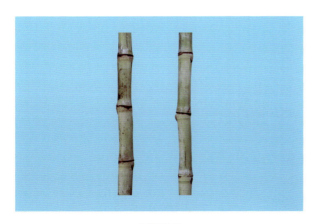

节间形状

芽形

▶ 99. 种质名称：纸包紫皮

【特征特性】田间长势较差，茎形直立，节间圆锥形，曝光后节间呈深紫色，节间长度中等，蜡粉带厚，无木栓，生长裂缝浅；脱叶性较好，宿根性差，分蘖能力一般；茎径属中小茎种（平均茎径 2.03cm），12 月田间锤度 18.18%，蔗糖分 12.19%，纤维分 15.27%；田间观察感甘蔗花叶病。

田间长势

株形

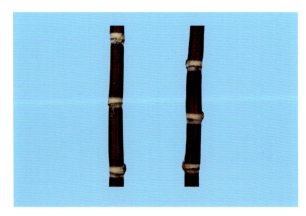

节间形状

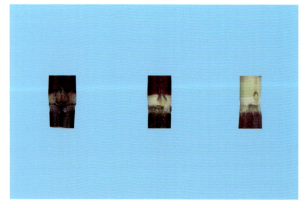

芽形

▶ **100. 种质名称：紫皮蔗**

【**特征特性**】田间长势旺盛，茎形弯曲，拔节快，中部叶鞘有红色斑块，节间圆锥形，曝光后节间呈深紫色，节间长度长，蜡粉带薄，无木栓和生长裂缝；宿根性好，分蘖能力强；茎径属中小茎种（平均茎径 2.43cm），12 月田间锤度 19.20%，蔗糖分 14.64%，纤维分 11.47%；田间观察感甘蔗花叶病。

田间长势

株形

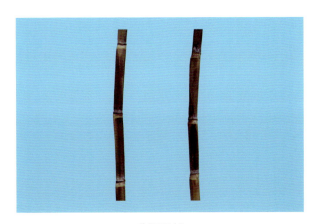
节间形状

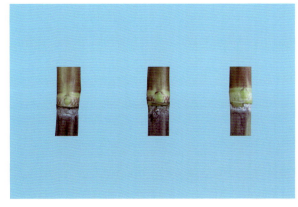
芽形

▶ 101. 种质名称：佤族甘蔗

【特征特性】田间长势较弱，茎形直立，节间圆锥形，曝光后节间呈深紫色，节间长度中等，蜡粉带薄，无木栓和生长裂缝；脱叶性差，宿根性差，分蘖能力弱；茎径属中小茎种（平均茎径2.19cm），12月田间锤度20.40%，蔗糖分12.98%，纤维分10.90%；田间观察感甘蔗花叶病。

田间长势

株形

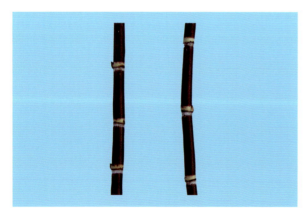

节间形状

芽形

▶ 102. 种质名称：草坝红皮

【特征特性】田间长势一般，茎形弯曲，节间圆锥形，曝光后节间呈紫红色，节间长度中等，蜡粉带薄，木栓呈斑块状，无生长裂缝；宿根性差，分蘖能力弱；茎径属中小茎种（平均茎径2.22cm），12月田间锤度19.84%，蔗糖分12.65%，纤维分13.88%；田间观察高感甘蔗花叶病。

田间长势

株形

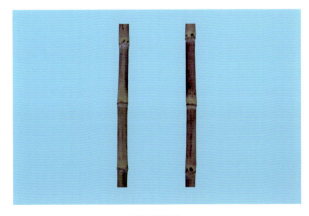

节间形状

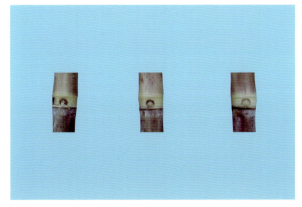

芽形

▶ **103. 种质名称：耿马蔗**

【特征特性】田间长势较好，茎形弯曲，节间腰鼓形，曝光前节间呈黄绿色，曝光后节间呈紫红色，节间长度中等，蜡粉带薄，木栓呈斑块状，无生长裂缝；脱叶性较好，宿根性一般，分蘖能力较强；茎径属中大茎种（平均茎径 2.99cm），12 月田间锤度 20.60%，蔗糖分 13.06%，纤维分 18.71%；田间观察无感病情况。

田间长势

株形

节间形状

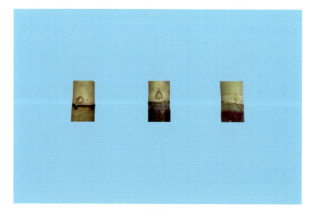

芽形

▶ **104. 种质名称：河口红皮**

【**特征特性**】田间长势一般，茎形直立，节间圆筒形，曝光前节间有紫色条纹，曝光后节间呈紫红色，节间长度中等，蜡粉带薄，木栓呈斑块状，无生长裂缝；脱叶性较好，宿根性差，分蘖能力一般；茎径属中茎种（平均茎径 2.25cm），12 月田间锤度 21.76%，蔗糖分 14.84%，纤维分 13.53%；田间观察高感甘蔗花叶病。

田间长势

株形

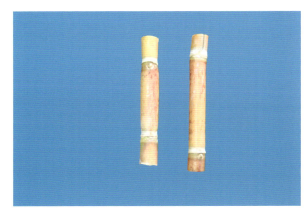

节间形状

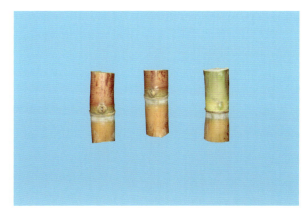

芽形

▶ 105. 种质名称：河口绿皮

【特征特性】田间长势一般，茎形直立，叶细，叶青绿色，节间圆筒形，曝光后节间呈绿色，节间长度中等，蜡粉带薄，木栓呈斑块状，无生长裂缝；脱叶性差，宿根性一般，分蘖能力较强；茎径属细茎种（平均茎径2.17cm），12月田间锤度21.52%，蔗糖分12.97%，纤维分13.78%；田间观察无感病情况。

田间长势

株形

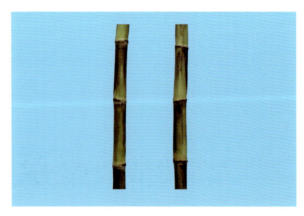

节间形状

芽形

▶ 106. 种质名称：开远红皮

【特征特性】田间长势旺盛，茎形弯曲，叶深绿色，叶挺直，尖部下垂，节间圆筒形，曝光后节间呈紫红色，节间长度中等，蜡粉带薄，木栓呈斑块状，无生长裂缝；宿根性好，分蘖能力强；茎径属细茎种（平均茎径 2.07cm），12 月田间锤度 21.60%，蔗糖分 13.80%，纤维分 12.96%；田间观察感甘蔗花叶病。

田间长势

株形

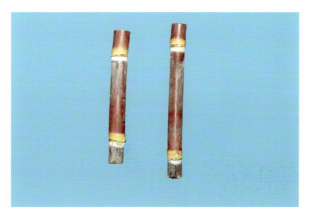

节间形状

芽形

▶ **107. 种质名称：德宏花甘蔗**

【特征特性】田间长势旺盛，茎形弯曲，节间圆筒形，曝光后节间呈紫红色，节间长度中等，蜡粉带薄，木栓呈斑块状，生长裂缝深；脱叶性差，宿根性一般，分蘖能力强；茎径属中茎种（平均茎径2.78cm），12月田间锤度21.04%，蔗糖分12.16%，纤维分14.99%；田间观察感甘蔗花叶病。

田间长势

株形

节间形状

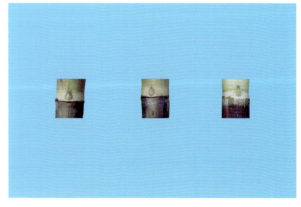

芽形

▶ 108. 种质名称：安定马

【特征特性】田间长势一般，茎形弯曲，节间圆筒形，曝光后节间有绿色条纹，节间长度中等，蜡粉带薄，木栓呈斑块状，无生长裂缝；脱叶性较好，宿根性差，分蘖能力一般；茎径属中茎种（平均茎径 2.49cm），12 月田间锤度 22.28%，蔗糖分 13.21%，纤维分 12.58%；田间观察感甘蔗花叶病。

田间长势

株形

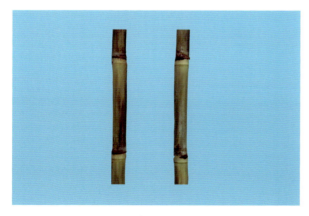

节间形状

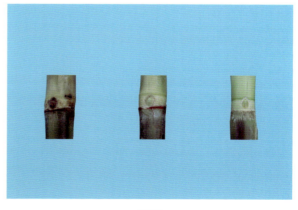

芽形

▶ 109. 种质名称：四川托江红（品种名：华南 54-11）

【特征特性】田间长势一般，茎形弯曲，叶淡绿色，老叶鞘紫红，节间圆筒形，曝光后节间呈紫红色，节间长度短，蜡粉带薄，无木栓和生长裂缝；宿根性差，分蘖能力弱；茎径属中茎种（平均茎径 2.83cm），12 月田间锤度 22.76%，蔗糖分 13.01%，纤维分 14.58%；田间观察无感病情况。

田间长势

株形

节间形状

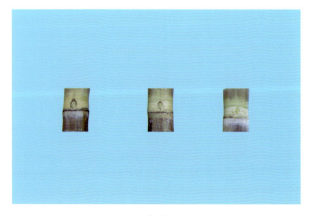

芽形

▶ 110. 种质名称：良圩种

【特征特性】田间长势一般，茎形弯曲，叶黄绿色，叶鞘紫红色，节间圆筒形，曝光后节间呈紫红色，节间长度中等，蜡粉带薄，木栓呈斑块状，无生长裂缝；脱叶性较好，宿根性差，分蘖能力弱；茎径属中茎种（平均茎径 3.18cm），12 月田间锤度 20.40%，蔗糖分 9.59%，纤维分 11.09%；田间观察无感病情况。

田间长势

株形

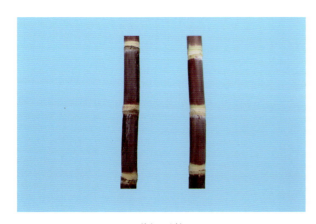

节间形状

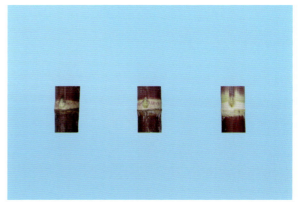

芽形

▶ 111. 种质名称：洛古蔗

【**特征特性**】田间长势旺盛，茎形直立，叶片下垂，呈黄绿色，节间圆筒形，曝光后节间呈深紫色，节间长度较短，蜡粉带薄，无木栓和生长裂缝；脱叶性和宿根性好，分蘗能力强；茎径属中小茎种（平均茎径2.48cm），12月田间锤度16.40%，蔗糖分10.02%，纤维分10.44%；田间观察感甘蔗花叶病。

田间长势

株形

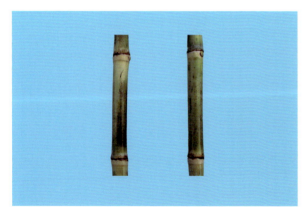

节间形状

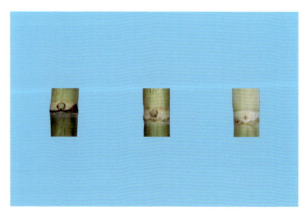

芽形

▶ 112. 种质名称：盈江蔗

【**特征特性**】田间长势一般，茎形弯曲，节间腰鼓形，曝光前节间呈黄绿色，曝光后节间呈紫红色，节间长度短，蜡粉带薄，木栓呈斑块状，无生长裂缝；脱叶性较好，宿根性差，分蘖能力弱；茎径属大茎种（平均茎径 3.24cm），12 月田间锤度 21.16%，蔗糖分 13.55%，纤维分 17.81%；田间观察无感病情况。

田间长势

株形

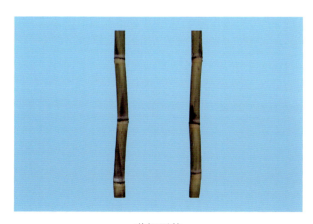

节间形状

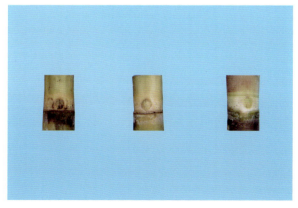

芽形

▶ 113. 种质名称：竺溪紫皮

【特征特性】田间长势一般，茎形直立，叶绿色，老叶有黄斑点，叶鞘背有毛，节间圆筒形，曝光前节间呈黄绿色，曝光后节间呈紫色，节间长度中等，蜡粉带厚，无木栓和生长裂缝；宿根性差，分蘖能力弱；茎径属中茎种（平均茎径 2.60cm），12 月田间锤度 22.08%，蔗糖分 13.35%，纤维分 13.37%；田间观察感黑穗病。

田间长势

株形

节间形状

芽形

▶ **114. 种质名称：坦桑尼亚**

【**特征特性**】田间长势较好，茎形直立，节间圆筒形，曝光后节间呈紫红色，节间长度中等，蜡粉带厚，无木栓和生长裂缝；宿根性一般，分蘖能力弱；茎径属中大茎种（平均茎径 2.83cm），12 月田间锤度 22.96%，蔗糖分 12.13%，纤维分 14.64%；田间观察感甘蔗花叶病。

田间长势

株形

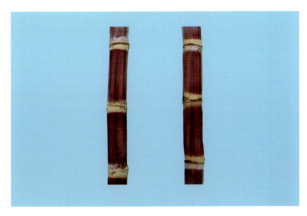

节间形状

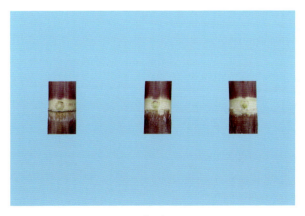

芽形

▶ 115. 种质名称：马科斯

【特征特性】田间长势较好，茎形直立，节间圆筒形，曝光后节间呈深绿色，节间长度短，蜡粉带薄，木栓呈斑块状，无生长裂缝；宿根性好，分蘖能力一般；茎径属中茎种（平均茎径 2.86cm），12 月田间锤度 19.20%，蔗糖分 13.68%，纤维分 11.37%；田间观察感甘蔗花叶病。

田间长势   株形

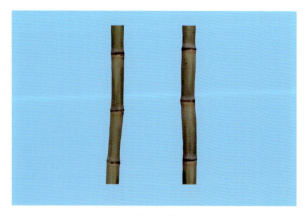
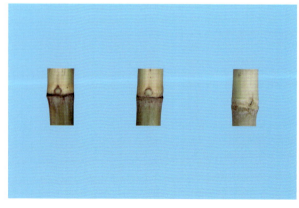

节间形状   芽形

▶ 116. 种质名称：卢旺达

【**特征特性**】田间长势旺盛，茎形弯曲，有一定丛生性，叶青绿色，叶片中部下垂，节间腰鼓形；曝光后节间呈紫红色，节间长度中等，蜡粉带厚，木栓呈斑块状，无生长裂缝；宿根性好，分蘖能力一般；茎径属中茎种（平均茎径 2.85cm），12 月田间锤度 22.20%，蔗糖分 13.49%，纤维分 17.75%；田间观察无感病。

田间长势

株形

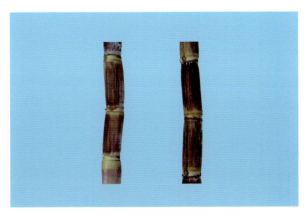

节间形状

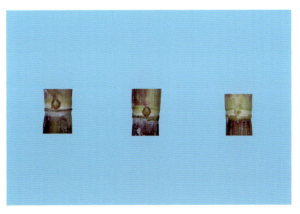

芽形

▶ 117. 种质名称：大岛再来

【**特征特性**】田间长势较好，茎形弯曲，节间圆锥形，曝光前节间呈深绿色，曝光后节间有绿色条纹，节间长度中等，蜡粉带薄，木栓呈斑块状，无生长裂缝；宿根性好，分蘖能力强；茎径属细茎种（平均茎径 1.69cm），12 月田间锤度 21.20%，蔗糖分 13.39%，纤维分 15.09%；田间观察高感甘蔗花叶病。

田间长势

株形

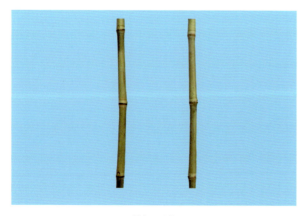

节间形状

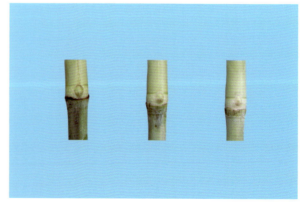

芽形

▶ 118. 种质名称：森纳拜

【特征特性】田间长势一般，茎形直立，节间圆筒形，曝光后节间呈黄绿色，节间长度短，蜡粉带薄，木栓呈斑块状，无生长裂缝；脱叶性差，宿根性较差，分蘖能力一般；茎径属细茎种（平均茎径2.06cm），12月田间锤度19.60%，蔗糖分12.39%，纤维分14.04%；田间观察高感甘蔗花叶病。

田间长势

株形

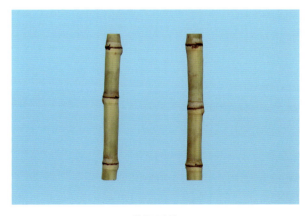

节间形状

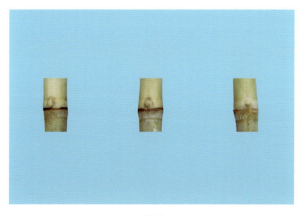

芽形

▶ **119. 种质名称：嘉各岛**

【特征特性】田间长势旺盛，茎形弯曲，有一定丛生性，叶青绿色，叶片中部下垂，节间稍长，节间圆锥形，曝光后节间呈黄绿色，节间长度短，蜡粉带薄，木栓呈斑块状，无生长裂缝；脱叶性差，宿根性好，分蘖能力强；茎径属细茎种（平均茎径 1.67cm），12 月田间锤度 20.80%，蔗糖分 9.62%，纤维分 11.57%；田间观察感甘蔗花叶病。

田间长势　　　　　　　　　　　　　　　　株形

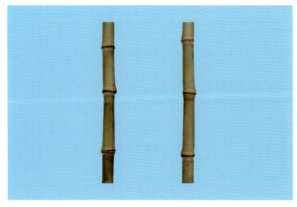
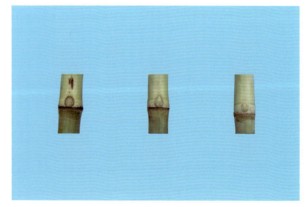

节间形状　　　　　　　　　　　　　　　　芽形

▶ 120. 种质名称：泰国 A

【**特征特性**】田间长势旺盛，茎形直立，叶深绿色，叶尖呈针状，叶鞘有毛，节间圆筒形，曝光后节间呈紫色，节间长度中等，蜡粉带厚，无木栓，生长裂缝浅；脱叶性一般，宿根性好，分蘖能力强；茎径属中茎种（平均茎径 2.65cm），12 月田间锤度 18.60%，蔗糖分 12.18%，纤维分 15.27%；田间观察感甘蔗花叶病。

田间长势

株形

节间形状

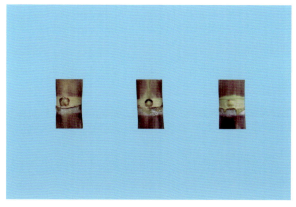

芽形

▶ 121. 种质名称：泰国 B

【特征特性】田间长势旺盛，茎形直立，叶深绿色，叶鞘背有毛，节间圆筒形，曝光后节间呈紫红色，节间长度中等，蜡粉带厚，无木栓和生长裂缝；脱叶性差，宿根性好，分蘖能力强；茎径属中小茎种（平均茎径 2.21cm），12 月田间锤度 23.52%，蔗糖分 15.93%，纤维分 15.09%；田间观察无感病情况。

田间长势

株形

节间形状

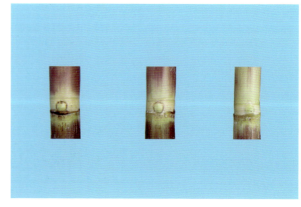
芽形

▶ **122. 种质名称：红叶蔗**

【**特征特性**】田间长势较弱，茎形直立，叶红绿色，叶鞘紫红，节间圆筒形，曝光后节间呈紫色，节间长度中等，无蜡粉带，无木栓和生长裂缝；脱叶性好，宿根性差，分蘖能力弱；茎径属细茎种（平均茎径 2.08cm），12 月田间锤度 10.25%，蔗糖分 8.08%，纤维分 14.11%；田间观察无感病情况。

田间长势

株形

节间形状

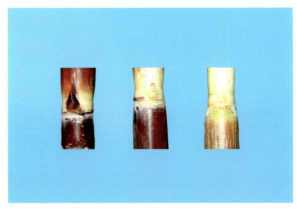

芽形

第四章

果 蔗 图 谱

▶ 123. 种质名称：同安果蔗

【特征特性】田间长势较差，茎形直立，叶黄绿色，叶片中部下垂，类似高粱叶片，节间倒圆锥形，曝光后节间有绿色条纹，节间长度短，蜡粉带薄，无木栓和生长裂缝；脱叶性和宿根性差，分蘖能力弱；茎径属中茎种（平均茎径 2.88cm），12 月田间锤度 20.68%，蔗糖分 15.28%，纤维分 10.65%；田间观察感甘蔗花叶病；经鉴定染色体数为 2n=80 条，应为热带种。

田间长势

株形

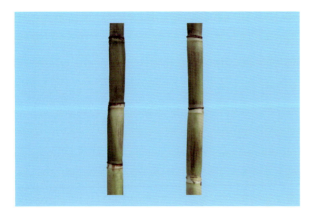

节间形状

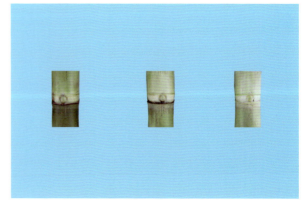

芽形

▶ 124. 种质名称：宁化果蔗

【特征特性】 田间长势较差，茎形直立，节间细腰形，曝光后节间呈紫红色，节间长度短，蜡粉带薄，无木栓和生长裂缝；脱叶性差，宿根性差，分蘖能力弱；茎径属中大茎种（平均茎径 3.74cm），12 月田间锤度 21.52%，蔗糖分 11.30%，纤维分 10.44%；田间观察感甘蔗花叶病。

田间长势

株形

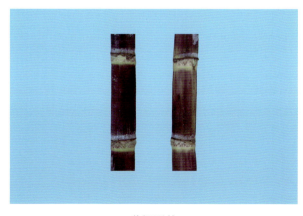

节间形状

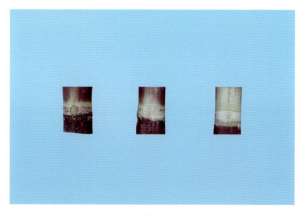

芽形

▶ 125. 种质名称：温岭果蔗

【特征特性】 田间长势较差，茎形弯曲，节间圆筒形，曝光后节间呈黄绿色，节间长度短，无蜡粉带，无木栓和生长裂缝；脱叶性一般，宿根性差，分蘖能力弱；茎径属中大茎种（平均茎径 3.54cm），12 月田间锤度 18.60%，蔗糖分 12.93%，纤维分 12.54%；田间观察感甘蔗花叶病。

田间长势

株形

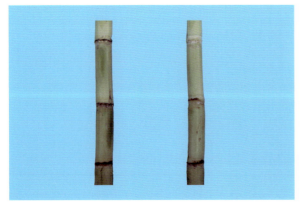

节间形状

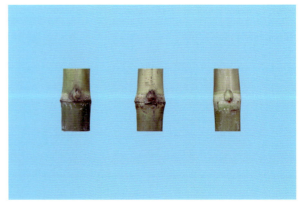

芽形

▶ 126. 种质名称：龙岩果蔗

【特征特性】田间长势旺盛，茎形直立，叶绿色，带条纹，节间圆筒形，曝光前节间呈黄绿色，曝光后节间有紫色和绿色条纹，节间长度中等，蜡粉带薄，无木栓和生长裂缝；宿根性差，分蘖能力强；茎径属中小茎种（平均茎径2.08cm），12月田间锤度18.92%，蔗糖分6.23%，纤维分14.15%；田间观察高感甘蔗花叶病。

田间长势

株形

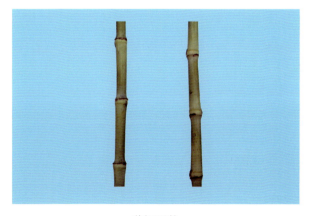

节间形状

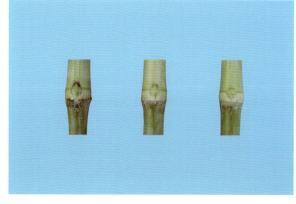

芽形

▶ **127. 种质名称：雷州果蔗**

【特征特性】田间长势一般，茎形直立，叶黄绿色，叶片中部下垂，节间腰鼓形，曝光后节间颜色呈紫红色，节间长度短，蜡粉带薄，无木栓和生长裂缝；脱叶性好，宿根性差，分蘖能力差；茎径属中大茎种（平均茎径 3.77cm），12 月田间锤度 21.12%，蔗糖分 12.29%，纤维分 12.45%；田间观察无感病情况；经鉴定染色体数为 2n=102 条。

田间长势

株形

节间形状

芽形

▶ **128. 种质名称：义红果蔗**

【**特征特性**】 田间长势旺盛，茎形直立，节间圆筒形，曝光后节间呈深紫色，节间长度短，蜡粉带薄，无木栓和生长裂缝；脱叶性较好，宿根性差，分蘖能力弱；茎径属中大茎种（平均茎径 3.09cm），12 月田间锤度 18.00%，蔗糖分 11.51%，纤维分 11.75%；田间观察感甘蔗花叶病。

田间长势

株形

节间形状

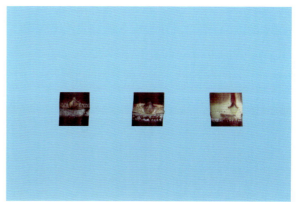

芽形

▶ 129. 种质名称：连江果蔗

【特征特性】 田间长势较差，茎形直立，叶黄绿色，节间圆筒形，曝光后节间有黄色条纹，节间长度短，蜡粉带薄，木栓呈条纹状，无生长裂缝；脱叶性和宿根性一般，分蘖能力差；茎径属中大茎种（平均茎径 3.13cm），12 月田间锤度 20.24%，蔗糖分 13.47%，纤维分 12.34%；田间观察高感甘蔗花叶病，易受螟虫虫害。

田间长势

株形

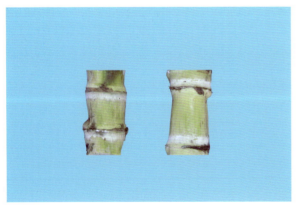

节间形状

芽形

▶ 130. 种质名称：浙江果蔗

【特征特性】田间长势较差，茎形直立，叶黄绿色，叶片中部下垂，节间腰鼓形，曝光后节间呈黄色，节间长度中等，蜡粉带薄，木栓呈条纹状，无生长裂缝；脱叶性一般，宿根性差，分蘖能力弱；茎径属中大茎种（平均茎径 3.51cm），12 月田间锤度 21.12%，蔗糖分 13.71%，纤维分 10.38%；田间观察感甘蔗花叶病。

田间长势

株形

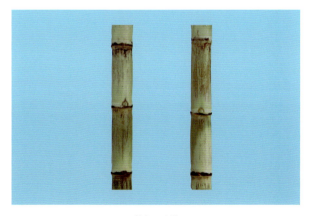

节间形状

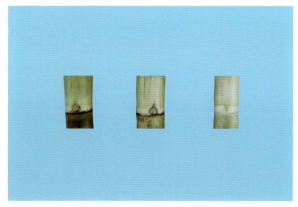

芽形

▶ 131. 种质名称：马鞍果蔗

【特征特性】田间长势旺盛，茎形直立，叶细小呈针状，叶鞘背有少量毛群，节间圆筒形；曝光后节间呈黄绿色，节间长度中等，蜡粉带厚，无木栓和生长裂缝；宿根性和分蘖能力一般；茎径属中茎种（平均茎径 2.94cm），12 月田间锤度 18.76%，蔗糖分 14.47%，纤维分 13.86%；田间观察感甘蔗花叶病；经鉴定染色体数为 $2n=64$ 条。

田间长势

株形

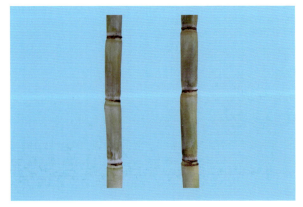
节间形状

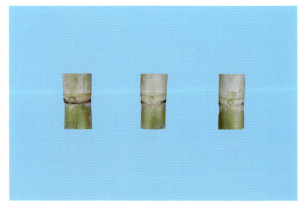
芽形

▶ 132. 种质名称：金华果蔗

【特征特性】田间长势弱，茎形直立，叶黄绿色，节间圆筒形，曝光前节间呈黄绿色，曝光后节间有黄色条纹，节间长度中等，蜡粉带薄，无木栓和生长裂缝；宿根性差，分蘖能力弱；茎径属中茎种（平均茎径 2.92cm），12 月田间锤度 18.81%，蔗糖分 12.20%，纤维分 19.14%；田间观察感甘蔗花叶病。

田间长势

株形

节间形状

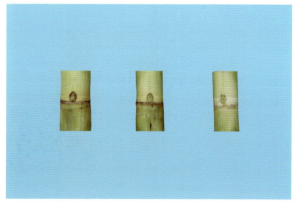

芽形

▶ **133. 种质名称：邵武果蔗**

【特征特性】田间长势旺盛，茎形直立，有效茎多，叶细小，叶尖下垂，节间圆筒形，曝光后节间呈黄绿色，节间长度短，蜡粉带薄，无木栓和生长裂缝；脱叶性差，宿根性好，分蘖能力强；茎径属细茎种（平均茎径1.60cm），12月田间锤度20.72%，蔗糖分9.90%，纤维分12.24%；田间观察感甘蔗花叶病。

田间长势

株形

节间形状

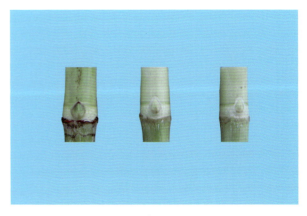

芽形

▶ **134. 种质名称：米易果蔗**

【**特征特性**】田间长势较差，茎形直立，中部叶鞘紫色，节间圆筒形，曝光后节间呈紫红色，节间长度中等，蜡粉带薄，无木栓和生长裂缝；脱叶性较好，宿根性一般，分蘖能力弱；茎径属中茎种（平均茎径 2.95cm ），12 月田间锤度 19.20%，蔗糖分 9.08%，纤维分 14.11%；田间观察无感病情况。

田间长势

株形

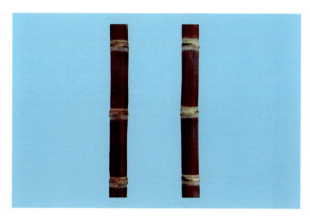
节间形状

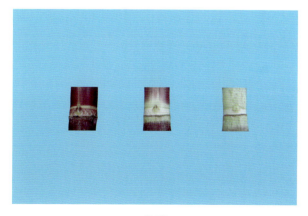
芽形

▶ 135. 种质名称：寸金果蔗

【特征特性】田间长势较差，茎形直立，叶黄绿色，叶姿下垂，节间呈细腰形，曝光前节间有黄色条纹，曝光后节间有紫色和绿色条纹，节间长度短，蜡粉带薄，木栓呈条纹状，无生长裂缝；宿根性差，分蘖能力弱；茎径属中茎种（平均茎径 2.25cm），12 月田间锤度 19.78%，蔗糖分 13.19%，纤维分 12.03%；田间观察感甘蔗花叶病。

田间长势

株形

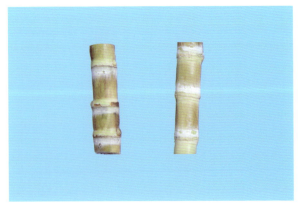

节间形状

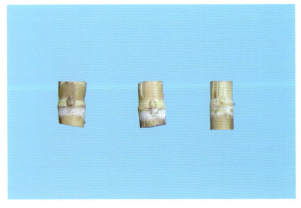

芽形

▶ **136. 种质名称：松溪果蔗**

【特征特性】田间长势较差，茎形直立，节间圆筒形，曝光后节间呈黄绿色，节间长度中等，蜡粉带薄，无木栓，生长裂缝深；脱叶性一般，宿根性差，分蘖能力弱；茎径属中茎种（平均茎径 2.50cm），12 月田间锤度 15.00%，蔗糖分 10.10%，纤维分 12.72%；田间观察感甘蔗花叶病；经鉴定染色体数为 2n=80 条，应为热带种。

田间长势

株形

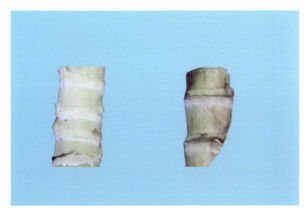

节间形状

芽形

▶ 137. 种质名称：他朗果蔗

【特征特性】田间长势旺盛，茎形直立，叶片宽大，中部下垂，叶黄绿色，节间圆筒形，曝光后节间呈紫红色，节间长度中等，蜡粉带薄，无木栓和生长裂缝；脱叶性较好，宿根性差，分蘖能力弱；茎径属中茎种（平均茎径 2.78cm），12 月田间锤度 19.66%，蔗糖分 13.39%，纤维分 10.60%；田间观察无感病情况。

田间长势

株形

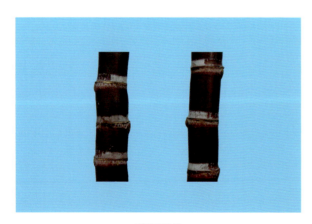

节间形状

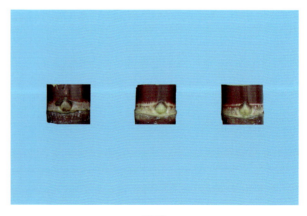

芽形

▶ **138. 种质名称：城子上果蔗**

【**特征特性**】田间长势一般，茎形直立，节间圆筒形，曝光前节间有紫色和白色条纹，曝光后节间呈紫红色，节间长度中等，蜡粉带厚，无木栓和生长裂缝；脱叶性好，宿根性差，分蘖能力弱；茎径属中茎种（平均茎径 2.70cm），12 月田间锤度 19.72%，蔗糖分 13.56%，纤维分 14.56%；田间观察感甘蔗花叶病。

田间长势

株形

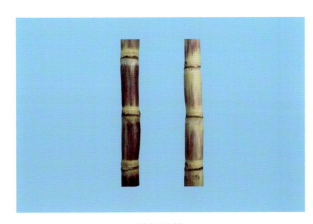

节间形状

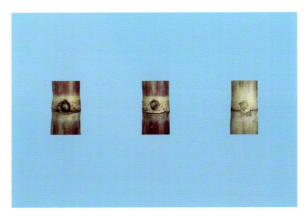

芽形

▶ **139. 种质名称：崇安果蔗**

【特征特性】田间长势弱，茎形直立，节间弯曲形，曝光后节间有黄色条纹，节间长度较短，蜡粉带薄，木栓呈条纹状，生长裂缝深；宿根性差，分蘖能力弱；茎径属大茎种（平均茎径3.52cm），12月田间锤度17.49%，蔗糖分12.44%，纤维分8.99%；田间观察高感甘蔗花叶病。

田间长势

株形

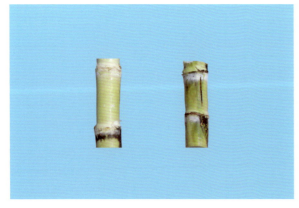

节间形状

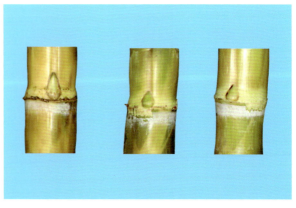

芽形

▶ **140.种质名称：黑皮果蔗**

【**特征特性**】田间长势较弱，茎形直立，节间圆筒形，叶片宽大，叶片中部下垂，叶黄绿色，曝光后节间呈深紫色，节间长度中等，蜡粉带薄，无木栓和生长裂缝；脱叶性好，宿根性差，分蘖能力弱；茎径属中大茎种（平均茎径3.14cm），12月田间锤度20.46%，蔗糖分14.47%，纤维分11.82%；田间观察感甘蔗花叶病。

田间长势

株形

节间形状

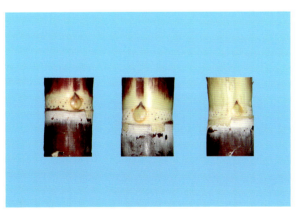

芽形

▶ 141. 种质名称：脆皮甘蔗

【特征特性】田间长势旺盛，茎形直立，叶青绿色，上部叶片呈针状，中下部叶片下垂，皮脆，节间圆筒形，曝光后节间呈黄绿色，节间长度中等，蜡粉带薄，无木栓和生长裂缝；脱叶性和宿根性好，分蘖能力强；茎径属中茎种（平均茎径 2.47cm），12 月田间锤度 23.76%，蔗糖分 15.38%，纤维分 13.68%；田间观察感甘蔗花叶病。

田间长势

株形

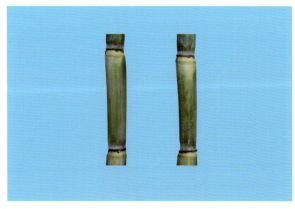
节间形状

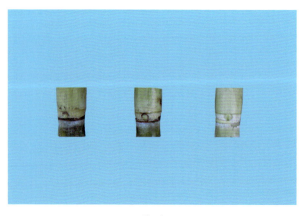
芽形

▶ 142. 种质名称：黄皮果蔗

【**特征特性**】田间长势旺盛，茎形弯曲，叶黄绿色，节间圆筒形，曝光后节间有黄色条纹，节间长度中等，蜡粉带薄，木栓呈条纹状，生长裂缝浅；脱叶性好，宿根性差，分蘖能力弱；茎径属中大茎种（平均茎径 3.1cm），12 月田间锤度 21.99%，蔗糖分 15.72%，纤维分 14.51%；田间观察感甘蔗花叶病。

田间长势

株形

节间形状

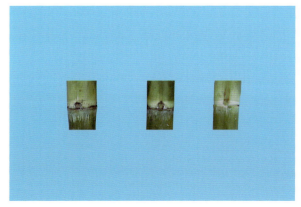

芽形

▶ 143. 种质名称：江西果蔗

【特征特性】田间长势弱，茎形直立，散生，叶黄绿色，节间细腰形，曝光前节间有绿色和紫色条纹，曝光后节间有紫色条纹，节间长度短，蜡粉带薄，木栓呈条纹状，无生长裂缝；脱叶性和宿根性差，分蘖能力弱；茎径属中茎种（平均茎径 2.99cm），12 月田间锤度 16.84%，蔗糖分 10.63%，纤维分 11.85%；田间观察感甘蔗花叶病。

田间长势

株形

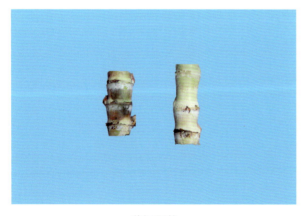

节间形状

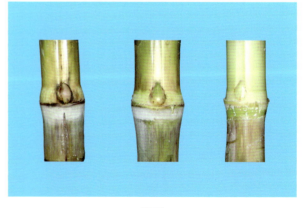

芽形

主要参考文献

蔡青, 范源洪. 2006. 甘蔗种质资源描述规范和数据标准[M]. 北京: 中国农业出版社.

蔡青, 范源洪, 张跃彬. 2000. 甘蔗种质资源数据库系统研究[J]. 甘蔗, 7(1): 1-5.

蔡青, 范源洪, Aitken K, 等. 2005. 利用AFLP进行"甘蔗属复合体"系统演化和亲缘关系研究[J]. 作物学报, 31(50): 551-559.

蔡青, 范源洪, 马丽, 等. 2006. 甘蔗种质资源收集、保存、鉴定与利用现状及展望[C] // 江用文. 多年生和无性繁殖作物种质资源共享研究. 北京: 中国农业出版社.

蔡青, 文建成, 范源洪. 2002. 甘蔗属及其近缘属植物的染色体分析[J]. 西南农业学报, 15(2):16-19.

耿以礼. 1959. 中国主要植物图说 禾本科[M]. 北京: 科学出版社.

李瑞美, 张树河, 李海明, 等. 2015. 地方果蔗品种种质资源形态与农艺性状的多样性分析[J]. 热带亚热带植物学报, 23(4): 399-404.

刘洪博, 林秀琴, 刘新龙, 等. 2014. 基于表型和核型及分子证据的甘蔗德阳大叶子属种分析. 西北植物学报. 34(11): 2001-2209.

刘洪博, 应雄美, 刘新龙, 等. 2013. 甘蔗栽培原种宿根蔗综合性状分析. 植物分类与资源学报, 35(5): 621-629.

林国栋, 陈如凯. 1995. 甘蔗的分类 I. Saccharum的近缘植物[J]. 甘蔗, 2(1): 19-23.

林国栋, 陈如凯, 林彦铨. 1995. 甘蔗的起源与进化[J]. 甘蔗, 2(4): 1-9.

林约西. 1989. 关于甘蔗属及其近缘属名称的几个问题[J]. 福建甘蔗, 1: 25-35.

骆君骕. 1992. 甘蔗学[M]. 北京: 中国轻工业出版社.

彭绍光. 1990. 甘蔗育种学[M]. 北京: 农业出版社.

彭绍光. 1996. 台湾省甘蔗品种的变迁[J]. 西南农业学报, 9(1): 117-124.

肖祎, 吕达, 陈道德. 2018. 我国果蔗研究新进展[J]. 中国糖料, 40(1): 62-67.

王鉴明. 1985. 中国甘蔗栽培学[M]. 北京: 农业出版社.

周可涌. 1984. 中国蔗糖简史: 兼论甘蔗起源[J]. 福建农学院学报, 13(1): 69-83.

Amalraj V A, Balasundaram N. 2006. On the Taxonomy of the Members of "*Saccharum* Complex" [J]. Genetic Resources and Crop Evolution, 53: 35-41.

Berding N, Roach B T. 1987. Germplasm collection, maintenance, and use[M] // Heinz D J. Sugarcane improvement through breeding. Amsterdam: Elsevier.